대한민국을 걷다

프롤로그

'코리아둘레길 45선' 함께 걸어볼까요?

어디에도 마음을 둘 수 없었던 청년은 어둠이 짙게 깔린 동쪽 바닷가를 홀로 걸었다. 파도 소리에 몸을 맡기고, 긴긴밤을 내내 걸었다. 쉼 없이 밀려드는 파도가 청년의 어깨를 보듬어주고 철썩이는 파도 소리가 청년의 가슴을 쓸어주었다. 동트는 새벽, 먼바다에서 말간 해가 솟았다. 청년은 마음을 다잡고 집으로 돌아왔다. 20년이 흘러 청년은 중년이 되었다. 지치고 힘들던 젊은 시절, 자신을 위로해 주었던 동해의 해안을 따라 걷는 길을 냈다. 해파랑길이다.

해파랑길이 인기를 얻자 길은 남해로 이어져 남파랑길이 되었고 서해로 넘어가서 서해랑길이 되었다. 해파랑길이 발표되고 15년 만인 2024년 9월 DMZ 평화의길이 우여곡절 끝에 개통되었다. 동·서·남해안과 DMZ 접경지역을 이어 우리나라 외곽을 하나로 연결한 4,500km의 초장거리 걷기여행길이 완성된 것이다. 서울과 부산을 오가는 경부고속도로를 다섯 번 왕복하는 거리, 스페인 산티아고 순례길보다 여섯 배 정도 긴 길이다.

가장 매력 있고 숨겨진 보석 같은 45개 코스를 골라 선보이다

코리아둘레길은 동·서·남해안의 독특한 해안 경관과 주요 도시, DMZ를 체험하며 걸을 수 있는 대한민국 대표 여행길이다. 하지만 누구나 코리아둘레길 4,500km를 모두 걷는 건 쉬운 일이 아니고 시간도 오래 걸린다. 그래서 길 관련 기관과 걷기 전문가들이 모여 코리아둘레길 284개 코스 중 가장 매력적이고 지역적인 특성이 뚜렷하여 보석 같은 45개 코스를 골랐다.

『대한민국을 걷다, 코리아둘레길 45선 완벽 가이드』는 **일반인들도 쉽고 친근하게 다가갈 수 있도록** 만든 책이다. 길 위의 아름다운 풍광을 놓치지 않고 카메라 셔터를 누르듯 글에 담았다. 책 속을 걸어가면 **대한민국을 재발견하는 기쁨**이 있다. 거창한 나라사랑이 아니더라도 길을 나서면 평소에 보이지 않던 것들이 보이기 시작할 것이고 내 땅의 소중함도 돌아보게 되지 않을까 싶다. 이 책에 담긴 글을 읽으면 걷기여행길이 주는 즐거움도 알게 될 것이고 **대한민국 국토의 아름다움을 새삼 느끼게** 될 것이다.

주렁주렁 널린 길 위의 이야기와 풍경을 담다

코리아둘레길 45선 속의 4개 길은 저마다 독특한 이야기와 풍경을 품고 길 위의 나그네를 맞이한다.

해파랑길에선 호미곶 상생의 손 위로 떠오르는 붉은 해를 보며 새로운 희망을 채색해 본다. 1,500년 전 화랑도들이 유오산수(遊娛山水)했던 월송정 앞에서 오랜 역사를 품은 이야기를 듣는다. 푸르디푸른 동해의 바닷길 위에서 바다와 하나 되는 힐링의 시간도 가져본다. 석호, 해안사구, 주상절리 등 진풍경이 들려주는 이야기들이 동해안의 신비한 지리 여행으로 안내한다.

남파랑길의 아름다운 쪽빛 바다는 "그리운 이에게 연애편지를 쓰고 싶은 풍경"이 된다. 섬진강 재첩, 남해에서 적을 맞이한 충무공 이순신, 남도순례길 이야기는 애절하고 구수하며, 통영은 "바다와 예술이 씨실과 날실처럼 엮여" 있다.

서해랑길에서는 "검은 비단 같은 갯벌"과 갯벌 속 다양한 수생 생물이 그 빛을 자랑하는 것을 보게 된다. 변산반도의 채석강 등 서해로 지는 노을은 곱디곱다. 목포와 군산의 근대역사문화거리는 100년 전 역사 속으로 시간여행을 떠나게 한다. 진도의 명량대첩, 증도의 염전, 해미읍성의 천주교 박해, 지붕 없는 박물관 강화도의 역사 등 이야기가 주렁주렁 열려 있다.

DMZ 평화의길에는 슬프고 안타까운 이야기가 많다. 한국전쟁 포로들이 자유를 찾아 건넜던 임진각 자유의 다리와 망향의 슬픈 노래비, 수많은 젊은이가 희생된 백마고지와 저격능선 전투, 세계적인 철새 도래지 철원의 두루미 등 생태와 역사 이야기가 흥미롭게 펼쳐진다.

걷기여행길의 고수들과 함께 길을 떠나보자

『대한민국을 걷다, 코리아둘레길 45선 완벽 가이드』는 우리나라 걷기여행의 고수들이 모여 쓴 책이다. 집필에 참여한 권다현 여행작가, 김영록 걷기여행작가, 박희진 여강길 사무국장, 조송희 여행작가, 신정섭 한국생태문화연구소장, 윤정준 한국의길과문화 이사는 길을 주제로 다양한 저서와 글을 남겼거나 길 관련 활동을 오래한 사람들이다. 저자들은 길에 대한 남다른 애정을 가지고 코리아둘레길을 걸었으며 그 길 위에 풍경과 사람 사는 이야기, 숨은 역사 이야기 등을 소중히 담았다.

길 위에는 삶이 있다. 길 위에서 우리가 인생길을 너무 바쁘게 달려온 것은 아닌지, 그래서 진정 걸어야 할 길을 지나치며 살아온 것은 아닌지 돌아보면 어떨까. 코리아둘레길에 서서 한 걸음 한 걸음 느리게 걸어보자. 속도와 경쟁에서 벗어난 여행자의 느린 걸음은 우리 땅, 우리 국토가 얼마나 아름답고 많은 이야기를 품고 있는지 알게 해 줄 것이다.

길은 걷는 자에게 행복을 주고 길은 또다시 길이 된다. 이 책에 소개된 코리아둘레길 속의 45개 길이 독자 여러분들에게 인생의 '반려길'이 되길 바란다.

이 책이 나오기까지 편집과 디자인에 애써 주신 상상출판 유철상 대표에게 감사의 말을 전한다.

2024년 11월
저자를 대표하여
(사)한국의길과문화 이사장 홍성운

차례

남쪽 쪽빛 바다와
함께 걷는

남파랑길

갯벌과 낙조를
바라보며 걷는

서해랑길

세계 생태평화의
상징 지대를 연결한

DMZ 평화의길

코리아둘레길 대표 코스 45선

코리아둘레길을 소개합니다

코리아둘레길이란 ?

코리아둘레길은 동·서·남해안 및 DMZ 접경지역을 이어 우리나라 외곽을 하나로 연결하는 4,500km에 이르는 '초장거리 걷기여행길'이다.

'대한민국을 재발견하며, 함께 걷는 길'을 비전으로 탄생한 코리아둘레길은 삼면의 독특한 해안 경관과 주요 도시, DMZ를 체험하며 걸을 수 있어 우리 국토의 아름다움을 느낄 수 있는 대한민국 대표 여행길이다.

어떻게 만들어졌나요 ?

코리아둘레길은 2009년 문화생태탐방로 동해안걷기길 시범사업과 2010년 해파랑길 조성계획 발표로 첫걸음을 시작하여 2016년 해파랑길이 개통되었다. 해파랑길의 인기에 힘입어 문화체육관광부가 2016년 "코리아둘레길 대한민국 대표 콘텐츠화" 계획을 발표하고 세계인이 찾는 명품브랜드로 육성하기로 하면서 코리아둘레길이 공식화되었다. 2020년 남파랑길이 개통되고, 2022년에는 서해랑길이 열렸다. 2024년 9월 비로소 DMZ 평화의길이 개통되면서 코리아둘레길 전 구간이 완성되었다.

길 안내는 어떻게 받나요 ?

두루누비(홈페이지·앱) : 한국관광공사에서 코리아둘레길 노선 정보를 중심으로 교통·숙박·음식·관광지 등 주변 관광 정보를 제공하고 있다. 여행길 따라가기 및 기록하기, QR 및 완보 인증하기 등의 기능이 있다.

안내사무국 : (사)한국의길과문화에 코리아둘레길 안내사무국(1588-7417)이 설치되어 있으며, 코리아둘레길 지도를 신청하면 우편으로 받아 볼 수 있다.

해파랑길은 부산 오륙도 해맞이공원에서 강원 고성 통일전망대까지 동해안의 해변길, 숲길, 마을길 등을 이어 총 50개 코스로 만든 750km의 걷기여행길이다. 2012년 임시 개통, 2016년 5월 정식 개통했다. 코리아둘레길의 시발점이 된 길이다.
해파랑길은 '동해의 떠오르는 해와 푸른 바다를 바라보며 파도 소리를 벗 삼아 함께 걷는 길'이란 뜻을 담고 있다. 해파랑길의 상징은 동해의 떠오르는 해를 먼저 형상화하고 동해의 해안선과 울릉도와 독도를 절묘하게 배치해 동해안의 이미지를 상징화했다.

화랑 순례길 해파랑길은 1,500년 전 화랑도들이 유오산수(遊娛山水)하며 호연지기를 기르기 위해 걷던 오랜 역사가 깃든 길이다. 월송정, 영랑호 등에 화랑의 자취가 스며 있다.

관동팔경 이야기길 해파랑길은 정철의 『관동별곡』 등 기행문학의 배경지이자 죽서루 등 관동팔경의 아름다운 누각·정자와 풍류가 어우러진 곳으로 다양한 스토리를 품고 있는 길이다. 수많은 시인과 묵객들이 이 길에서 시를 짓고 그림을 그렸다.

희망과 치유의 길 해파랑길은 동해에 떠오르는 해를 맞이하며 걷는 길이다. 간절곶, 호미곶, 추암, 정동진 등에서 떠오르는 찬란한 해를 보며 희망을 품는 길이다. 파아란 바다가 토해내는 하얀 포말을 따라 천천히 걷다 보면 절로 힐링이 된다.

남파랑길은 부산 오륙도 해맞이공원에서 전남 해남 땅끝마을까지 남해안의 해안길과 숲길, 마을길, 도심길 등 다양한 유형의 길을 이어 총 90개 코스로 만든 1,470km의 걷기여행길이다. 2020년 10월에 개통했다.
남파랑길은 남해의 지역성(남쪽)과 쪽빛(藍) 바다의 중의성을 표현하여 붙인 이름으로 '남해의 쪽빛 바다와 함께 걷는 길'이다.
남파랑길의 상징은 리아스식 해안을 본떠 간략한 선으로 표시하고 잔잔한 파도와 다도해를 형상화했으며 남색은 쪽빛 바다를, 오렌지색은 풍요로운 육지를 상징한다.

감성여행길 남파랑길은 남해안의 리아스식 해안과 쪽빛 바다의 잔잔한 파도, 다도해 풍경이 어우러져 한 폭의 수채화 같은 감성이 충만한 여행길이다.

남도문화 회랑길 남파랑길은 다양한 축제와 남도 유배문화, 순례문화, 문학 속 이야기를 따라 걷는 바닷길 등 남도문화의 향기가 파노라마처럼 펼쳐진 회랑길이다.

낭만이 있는 풍경길 남파랑길은 섬진강 꽃길, 여수 밤바다의 낭만, 순천만 갈대와 갯벌의 독특한 생태, 한려해상국립공원의 해안 경관, 다도해를 따라가는 체험 등 아름다운 자연과 낭만이 어우러진 풍경길이다.

서해랑길은 전남 해남 땅끝탑에서 인천 강화 평화전망대를 연결하는 109개 코스, 1,800km에 달하는 국내 최장거리 걷기여행길이다. 2022년 6월에 개통했다.
서해랑길은 '서쪽(西)의 바다(파도)와 함께(랑) 걷는 길'을 의미한다.
서해랑길의 상징은 서해의 빛나는 석양과 일렁이는 물결을 시각적으로 형상화했다.

갯벌·낙조 따라 걷는 길 서해랑길에는 삶의 터전이 되어 온 드넓은 갯벌이 펼쳐지고 황홀한 일몰이 하늘을 물들이는 길이다.

종교·근대역사로의 시간여행길 법성포, 선운사, 개심사, 마애여래삼존석불 등에서 종교문화의 향기와 미소를 만나고 목포와 군산의 근대역사문화거리에서는 100년 전으로 시간여행을 떠난다.

느림의 미학이 흐르는 길 서해랑길은 증도 등 고요한 섬과 바다가 어우러진 풍경 속에서 느린 시간의 흐름을 경험하는 길이다.

DMZ 평화의길은 남북 분단의 현장이자 생태계의 보고인 DMZ와 그 접경지역 일대를 따라 구축한 총 35개 코스, 510km의 걷기여행길이다. 2019년 노선 조사용역을 거쳐 4년간 관계 부처 간 협의와 협력으로 이루어진 길이며 2024년 9월 23일 개통했다.
DMZ 평화의길은 DMZ가 분단과 냉전을 넘어 평화와 화해의 공간, 생명과 희망을 품은 땅으로 변화하기를 바람과 동시에 평화와 자유의 소중함과 의미를 되새기며 걷는 길이다.
DMZ 평화의길 상징은 평화와 생태의 메시지를 담은 것으로 DMZ 글자 상징 안의 길과 비둘기 모양은 평화의 기원을 의미하고, 녹색은 생태계 보고인 비무장지대의 가치를 나타낸다.

평화통일 기원길 DMZ 평화의길은 전쟁의 상흔과 남북 분단의 아픈 발자취를 따라 걸으며 평화와 남북통일을 염원하며 걷는 길이다.

생태·생명의 길 DMZ 평화의길은 세계 유일의 분단 현장이지만 비무장지대로 인해 잘 보존된 천혜의 자연환경과 철새 도래지, 희귀 동식물 서식지 등 독특한 비무장지대만의 풍경을 만날 수 있는 생태계 보고 같은 길이다.

동해를 만나는 가장 좋은 방법

해파랑길

- 떠오르는 해를 맞이하며 새로운 희망을 만나는 길
- 삶에 지치고 힘들 때 위안을 찾아 떠나는 길
- 1,500년 전 화랑도가 호연지기를 기르기 위해 순례하던 길
- 관동별곡 등 다양한 기행 문학과 풍류가 어우러진 길

추천 명품 코스

1코스	부산	32코스	삼척
8코스	울산	33코스	동해
10코스	경주	39코스	강릉
14코스	포항	42코스	양양
21코스	영덕	45코스	속초
24코스	울진	49코스	고성

젊음 넘치는 해변에 설렘의 파도 밀려와

동해의 시작점 오륙도, 해안 절경이 펼쳐 진 이기대 산책길,
젊음 넘치는 열정 해변 등 자연의 아름다움과 도시의 색다른 활력이
동시에 어우러지는 해파랑길 1코스는 설렘을 안고 걷는 인기 만점 트레일이다.

_ 홍성운

광활한 바다 위 다섯 섬, 여섯 섬
그 신비로운 이름, 오륙도
하늘과 바다의 경계는 아득한데
섬들은 무어라 손짓을 하네
바람은 파도를 실어와
바위섬에 부딪혀 노래를 만들고
해파랑의 설렘 위에 풍랑이 일어
내 마음도 함께 출렁이네

이기대 구름다리 위로 해안 풍경이 시원하게 펼쳐져 있다.

이기대 해안산책로에는
외국인들의 발길이 잦다.

녹음이 짙어가는 5월의 끝자락, 새벽에 집을 나서 5시간 만에 도착한 곳은 부산 오륙도 해맞이공원이다. 해파랑길의 시작점! 시작은 언제나 설렌다. 해파랑길을 내기 위해 2009년 처음 오륙도를 밟았던 그때의 설렘이 기억 속에 아직도 생생한데, 오륙도 쪽에서 불어오는 바닷바람이 격하게 나그네를 반긴다.

해파랑길! 이름도 고운 이 길은 '동해의 떠오르는 해와 푸른 바다를 바라보며 파도 소리를 벗 삼아 함께 걷는 길'이다. 해파랑이라는 이름은 꿈과 희망, 약동하는 활기참이 있다. 오른쪽으로 파랑색 바다를 끼고 넘실대는 파도와 이야기하며 아름다운 동해의 절경을 마음속에 담아보자.

외국인도 즐겨 찾는 이기대 해안산책로

본격적인 트래킹을 위해 해파랑길 관광안내소에 들렀다. 이곳은 해파랑길 지도, 홍보물, 스탬프 북, 굿즈 등을 전시하고 있고 쉼터 역할도 한다. 관광안내소 창 너머 동해 쪽으로 눈을 돌리면 깎아지른 해안 절벽과 해운대 해변이 그림처럼 펼쳐진다.

오륙도를 등지고 약간 비탈진 길을 오르면 이기대 자연마당이다. 과거 한센병 집단거주지를 공원으로 조성한 이곳에 노란 금계국이 지천으로 피어 있다. 봄에는 유채꽃과 수선화, 가을에는 구절초가 피어 공원은 계절마다 다른 옷을 갈아입고 방문객을 맞이한다. 계단을 따라 조금 올라가니 생태습지 연못이다. 언덕 포토존에 서면 확 트인 오륙도와 주변 풍경이 한눈에 들어온다. 그야말로 장관이다.

언덕 위 해안산책로로 들어서자 시원한 바람이 얼굴을 부빈다. 아, 이 청량감! 암벽 아래로 밀려오는 파도 소리가 산자락을 타고 올라온다. 파도 소리와 바람 소리가 오묘한 하모니를 이룬다. 이기대 해안산책로는 오륙도에서 동생말에 이르는 4.6km 구간이다. 옥색 바다와 해안 절벽, 푸른 해송이 어우러져 운치 있는 이 길은 부산 해안길 중에서 가장 경치가 좋은 곳으로 손꼽힌다.

해안길을 따라 조금 올라가면 깎아지른 절벽 위에 아슬아슬하게 버티고 서 있는 농바위가 보이고, 치마를 펼쳐놓은 것 같은 치마바위가 해안선을 따라 이어진다. 파도가 몰아치는 이기대 해안가 치마바위 한편에 앉아 먼바다를 바라본다. 바다는 파도를 몰고 와 철썩이다가 이내 잠잠해진다. 고요하다. 평화로움이 이런 것일까.

해안선을 따라 기묘한 바위와 암반들이 향연을 펼치는 이기대 해안길은 부산시민뿐 아니라 외국인도 즐겨 찾는다. 길 위에서 네덜란드에서 왔다는 사람을 만났다. 그는 "very beautiful"을 연신 반복한다. 독일 슈투트가르트에서 왔다는 니콜이란 여성은 부산 해안이 너무나 아름다워 사흘 동안 부산 여행을 하고 있다고 한다. 4km 남짓한 이기대 해안길에서만 스무 명이 넘는 외국인을 만났다. 부산의 해파랑길이 세계적인 트레일이 된 것 같다. 뿌듯하다.

이기대 해안산책길의 아름다운 풍경 이면에는 슬픈 이야기가 숨어 있다. 임진왜란 때 왜군들이 수영성을 함락시키고 경치 좋은 이곳에서 축하연을 벌였다. 이 연회에서 기생 두 명이 왜장을 술에 취하게 한 후 끌어안고 함께 바다에 뛰어들었다. 이기대(二妓臺)의 유래다. 진주 남강에 적장을 안고 투신한 논개 이야기가 오버랩되어 숙연해진다. 이기대 바위 주변에 이 나라를 지킨 이름 없는 민초인 두 여성의 조국 사랑을 담은 시비가 호국정신을 기리고 있다.

이기대 해안의 구름다리를 지나면 해안산책로가 끝나는 지점에서 동생말이 나오고 광안대교와 해운대의 마린시티가 한눈에 들어온다. 멀리서도 부산 도심의 웅장함이 느껴진다.

동생말 전망대에서 바라본 광안대교와 해운대 마천루 모습이 웅장하다.

젊음 넘치는 열정 해변, 광안리와 해운대

이기대 산책로를 지나면 도심으로 전환되는 해안길이다. 시원한 바닷바람을 맞으며 걷다 보면 광안리 해변이다. 해변 너머로 멋진 광안대교가 보인다. 광안리 해변은 젊음이 넘쳐난다. 다정히 손잡고 거니는 연인들, 신나게 재잘대는 학생들을 바라보면 지친 발걸음도 가벼워진다.

감각적인 카페와 음식점들이 해안가에 즐비하다. 부산 명물인 돼지국밥집이 눈에 들어온다. 갑자기 시장기가 몰려온다. 뜨끈한 국밥으로 든든하게 배를 채웠다. 광안대교가 더 아름다워 보인다.

마린시티 주변 '해운대 영화거리'는 또 다른 볼거리다. 한국 영화산업의 발자취를 따라 걸을 수 있는 곳으로 영화배우들의 핸드프린팅이 벽에 걸려 있고 영화 〈친구〉, 〈해운대〉 등 영화 포스터, 캐릭터를 벽화로 그렸다. 부산은 국제적인 영화의 도시다. 해마다 '부산국제영화제'가 열린다.

동백나무가 울창한 동백공원을 지나면 완만한 백사장이 넓게 펼쳐진 해운대 해수욕장이다. 특급 호텔과 100층 빌딩 등 쭉쭉 뻗은 마천루가 해수욕장을 에워싸고 있다. 통기타를 치는 젊은이들 너머로 쿵쿵대는 소리가 난다. 모래로 만나는 그랜드 미술관이란 주제로 '2024년 해운대 모래축제'가 한창이다. 이삭줍기, 모나리자, 그리스 로마신화 등을 주제로 한 모래 전시물이 기다란 해변을 수놓고 감상 인파로 해안은 북적인다. 겨울 해변에서 만났던 '해운대 빛축제'도 이색적으로 느껴졌었는데, 해운대는 언제 와도 볼거리가 풍성하다.

해운대 해변 가운데쯤 있는 해운대 관광안내소에서 걸음은 끝난다. 해안 절경을 따라가는 힐링 숲길, 젊음이 넘치는 열정 해변, 요트장과 현란한 밤 풍경이 주는 이국적 풍광 등 자연의 아름다움과 도시의 색다른 활력이 동시에 펼쳐지는 해파랑길 1코스는 최고의 트레일이다.

해운대 해변 위로 우뚝 솟은 마천루가 펼쳐져 있다.

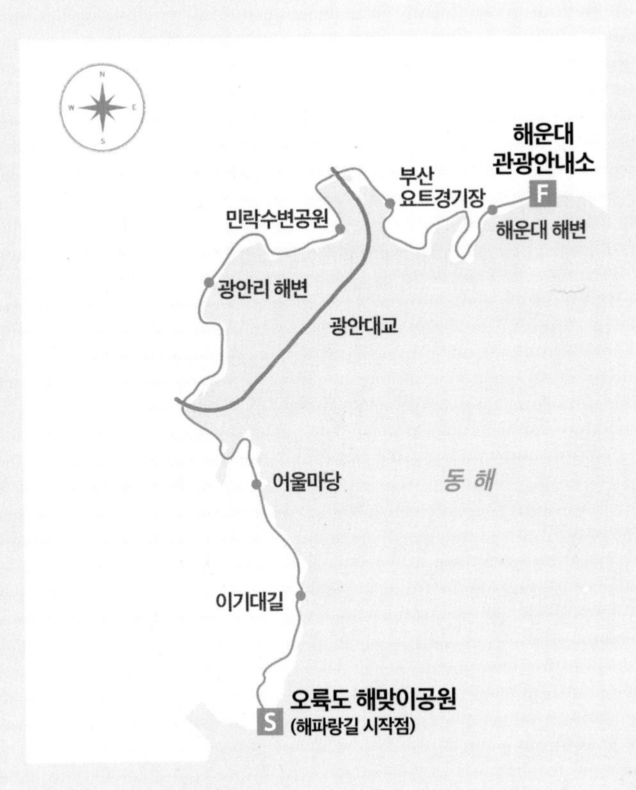

코스 오륙도 해맞이공원 → 이기대 해안산책로 → 어울마당 → 동생말 → 광안리 해변 → 해운대 해변

거리 16.9km 시간 6시간 30분 난이도 보통(역방향은 어려움)

교통 **시점** : 부산역에서 시내버스 27번 이용, 오륙도스카이워크 하차 약 160m
종점 : 부산역에서 급행버스 1003번 이용, 해운대해수욕장 하차 또는 부산지하철 2호선 해운대역 하차 도보 약 560m

추천 오륙도 해맞이공원 스카이워크에 올라 투명유리 아래 넘실거리는 스릴 만점 바다 풍경을 감상하자. 방패섬, 솔섬 등 오륙도의 여러 섬이 몇 개로 보이는지 관찰해보는 재미도 있다. 동백섬 누리마루 전망대는 야경 사진 포인트!

참고 해운대 해수욕장이 끝나고 2코스 시작점에서 얼마 안 가 달맞이길(문텐로드)이 있어 같이 보면 좋다.

먹거리 광안리와 해운대 해변에 돼지국밥 등 다양한 먹거리가 많다.

편의시설 해파랑길 관광안내소, 어울마당 및 동생말 일대

반전 매력이 숨어 있는 보석 같은 길

울산은 조선 등 중공업이 발달한 산업도시 이미지가 강하다.
하지만 염포산 자락으로 난 호젓한 오솔길과 슬도의 아름다운 바다와 등대,
웅장한 자태를 자랑하는 대왕암공원을 거닐다 보면
보석처럼 반짝이는 반전 매력과 마주한다.
_홍성운

염포산 자락 조붓한 오솔길을 따라

염포 삼거리를 지나 8코스 시작부터 만나는 조붓한 염포산 오솔길은 한적하다. "산 넘어 조붓한 오솔길에 봄이 찾아온다네~"라는 박인희 님의 노래가 생각나는 길이다. 아지랑이 속삭이는 봄을 지나 초여름 문턱으로 접어든 숲은 싱그럽다. 어디선가 날아온 참새들이 머리 위에서 쉴 새 없이 재잘거리고 뻐꾸기는 길동무가 되어 뻐꾹뻐꾹 장단을 맞춘다. 염포산 정상으로 가는 갈림길에서 약수터를 만나 시원한 물 한 바가지를 들이켜니 시원함이 창자에까지 닿는 느낌이다.

염포산 정상으로 가지 않고 해파랑길 표식을 따라 걸으면 잘 정비된 임도를 만나게 된다. 길가에 유난히 자태가 고운 나무가 있다. 홍가시나무다. 아름드리 벚나무도 줄지어 서 있다. 초봄이 되면 벚꽃이 장관이란다. 부드러운 곡선을 그리며 구불구불 이어지는 길은 피톤치드가 가득하고, 걷는 내내 흙길을 밟을 수 있어 피로감이 없다. 쉼터와 운동시설도 잘 구비되어 있어 동네 주민들의 산책길로도 이만한 곳이 없지 싶다. 조붓한 오솔길은 사색하기 좋고, 청량한 숲길은 운치를 더한다.

임도 끝자락에서 우뚝 솟은 울산대교 전망대를 만난다. 높이가 63m나 되는 전망대에 오르니 망망대해가 품에 안길 듯 달려든다. 탁 트인 시야에 울산대교와 자동차, 조선소, 석유화학단지가 파노라마처럼 펼쳐져 있다. 웅장한 위용에서 우리나라의 산업을 이끌어 온 중추 심장이었음이 느껴진다. 이 산업 현장에서 수많은 노동자들이 구슬땀을 흘리며 우리나라 산업 부흥의 현대사를 써 왔다고 생각하니 가슴이 뭉클하다. 1960년대부터 시대별 산업 발전사의 흔적들이 사진으로 말을 걸어온다.

슬도의 파도 소리는 거문고 소리가 되어 울리고

울산만 관문을 지키는 핵심 봉수대였던 천내봉수대를 지나 도심으로 접어들면 방어진항이다. 방어진항 동쪽 끝에 슬도가 있다. 방파제를 따라 슬도로 들어가는 길에는 새끼 업은 고래를 표현한 귀신고래상이 있다. 이제는 우리 바다에서 사라진 대형고래를 기억하고, 귀신고래가 다시 돌아오기를 소망하는 구조물이다. 슬도교를 건너니 하얀 무인 등대가 우뚝 서 있다. 1950년 말 세워진 등대는 슬도의 지킴이로 외롭게 서 있지만 거리를 두고 보니 멋스럽다.

슬도 해안가 돌들을 보고 있자니 구멍이 숭숭 뚫려 있다. 슬도를 곰보 섬이라 부르는 이유다. 바위 구멍 사이로 드나드는 파도 소리가 마치 거문고 소리처럼 구슬프게 들린다고 하여 섬 이름을 슬도(瑟島)라 하고, 슬도의 파도 울음소리를 '슬도명파(瑟島鳴波)'라고 했다. 파도 소리가 구슬픈 섬 슬도에서 거문고 소리를 들

슬도 방파제 너머로 슬도 등대와 귀신고래 조각상이 보인다.

슬도에서 대왕암 가는 길에는 갯무꽃 등 야생화가 많다.

으며 지는 석양을 바라보면 운치가 그만이겠다. 가을에는 해안가 갯바위에 해국(海菊)이 곱게 핀다고 한다. 가을에 다시 와 슬도의 해국을 보아야겠다.

슬도를 나서자 멀리 북쪽으로 대왕암이 가물가물 보인다. 슬도 입구에는 예쁜 카페들이 많다. 차 한잔 마시며 여유롭게 바다를 바라본다. 먼바다에는 울산산업단지로 드나드는 배들이 그림처럼 떠 있고, 지척에는 아이들이 물장난하며 놀고 있다. 초여름의 바다 풍경이 유난히 정겹다.

동해 앞바다를 지키는 문무대왕 부부

슬도에서 대왕암공원 해안선을 따라 이어지는 바닷가 길은 기묘한 검은 바위와 시원한 파도 소리를 벗 삼아 걸을 수 있는 8코스의 핵심 구간이다. 길가에는 갯무꽃, 인동덩굴, 찔레꽃, 금계국 등이 길손의 눈길을 끈다. 화려하진 않아도 은은하게 예쁘다. 발걸음을 멈추고 그 이름을 찾아 불러주고 자세히 봐주면 꽃은 다른 모습으로 자태를 자랑한다. 바람에 흔들릴 때마다 꽃이 웃는다.

파도 소리에 시름을 잊고 걷다 보니 대왕암이 장엄한 위용으로 서서히 다가오

대왕암공원 바닷가에 서 있는 거북바위의 모습이 장관이다.

며 궁금증을 자아내게 한다. 대왕암은 신라 문무대왕의 왕비가 죽어서도 호국용이 되어 나라를 지키겠다 하여 바위섬 아래에 묻혔다는 전설이 서려 있는 곳이다. 문무대왕은 자신을 화장하여 동해에 묻으면 용이 되어 왜구의 침입을 막겠노라고 유언해, 유골을 화장해 동해의 큰 바위에 장사지냈다. 그 무덤이 경주 봉길 해수욕장 앞바다에 있는 문무대왕 수중릉이다. 나라 안위를 걱정하며 두 마리 용이 되어 동해 앞바다에 누워 있는 대왕 부부를 생각한다. 그분들이 우리나라의 오천 년 역사를 지켜온 큰 산맥처럼 느껴진다.

경치가 아름다워 옛 선비들이 해금강이라 일컬었다는 대왕암은 규모 면에서도 보는 이를 압도한다. 뾰족뾰족 솟아올라 칼춤을 추기도 하고 가느다란 등을 서로 기대고 아래 바위가 위 바위를 받치고 있는 대왕암은 거대한 바위군을 이루고 동해를 지키고 있다.

부조석 등 모양도 각양각색이다. 수많은 바위들이 다양한 무늬로 바다 위에 솟아 맵시를 뽐내고 있어 흡사 바위 전시장 같다. 갈라진 바위 틈새로 스며든 물길이 예쁜 바위들과 은밀히 만나는 모습도 신비롭다. 대왕암공원은 100년 세월의 간격을 두고 쌍으로 서 있는 울기등대, 바닷가를 따라 늘어선 용굴, 거북바위 등의 기암괴석과 수령 백 살이 넘는 1만 5천 그루의 아름드리 해송이 어우러진 울산의 대표 관광지다. 호젓이 걷기에도 더없이 좋다.

공원 끝머리에는 바다를 아래에 두고 대왕암 출렁다리가 아찔하게 걸쳐져 있다. 출렁다리를 지나 계단을 내려오면 반달 모양의 일산 해변(일산 해수욕장)이 펼쳐진다. 일산 해변은 아름다운 밤 풍경에 먹거리와 숙소도 많아 하룻밤 묵어가기 좋은 곳이다.

대왕암 출렁다리를 지나면 반달 모양의 일산 해변이 펼쳐진다.

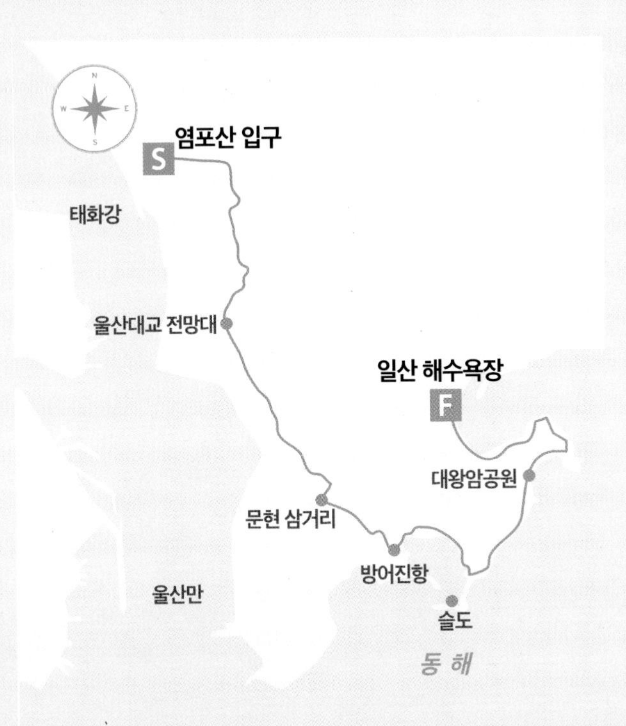

코스	울산 염포산 입구 → 울산대교 전망대 → 방어진항 → 슬도 → 대왕암공원 → 일산 해수욕장(울산 동구 해파랑쉼터)
거리	12.4km 시간 5시간 난이도 보통
교통	**시점** : 울산시외버스고속버스터미널에서 도보 300m 이동 후 롯데백화점 앞 정류장에서 133번·134번 버스 이용, 성내 하차 **종점** : 울산시외고속버스터미널에서 도보 200m 이동 후 마더스병원 정류장에서 1401번 좌석버스 이용, 일산해수욕장 하차
참고	울산 동구에서는 해파랑길 8코스를 소리 풍경지로 삼아 '해파랑길 사운드워킹' 체험행사를 하고, 대왕암공원 캠핑장을 캠프로 해 '해파랑길 노을트레킹', '해파랑길 일출트레킹' 등 다양한 걷기 행사도 진행한다. 8코스와 9코스를 완주하면 이벤트 기간에 해파랑쉼터에서 배지와 수건을 받을 수 있다.
먹거리	방어진 어시장에 들러 회를 골라 초장집에서 먹어보기, 대왕암공원 한쪽에 자리한 해녀작업장에서 즉석 수산물 사 먹기, 일산 해변에서 물회 등 맛보기
편의시설	일산 해수욕장 해파랑쉼터

몽돌 해변과 주상절리가 어우러진 절경 속으로

파도 소리는 밤에 들어야 그 온전한 음을 느낄 수 있고 특별하다.
물결이 밀려들고, 쓸려가고, 포말이 흩어지는 소리 하나하나가 생생하게 살아있다.
자르륵 자르륵 우르륵 쏴아…. 몽돌 소리가 가슴속으로 파고든다.
바다의 교향곡을 듣는 것 같다.
_홍성운

바다 위에 꽃이 피었다. 용암이 분출해낸 돌꽃이다. 경주의 파도소리길을 걷다 보면 동해의 푸른 바다를 배경으로 솟아오른 현무암이 기둥처럼 서 있거나 부채처럼 펼쳐져 있다. 이런 자연의 경이로움은 마치 동해에 피어난 한 송이 꽃과 같아, 보는 이의 마음을 사로잡는다. 동해안의 아름다운 몽돌 해변과 주상절리를 감상할 수 있는 해파랑길 10코스는 몽돌 구르는 소리와 천혜의 자연환경으로 인해 귀와 눈이 한없이 즐거운 길이다.

아이들은 춤추고 몽돌은 소리 내어 구른다

8코스에 시작점인 정자항은 5월 말이 가자미 철인지 부산하다. 배에서 잡은 가자미를 내리는 어부들의 손길이 바삐 움직이고 배 위의 생선 궤짝엔 가자미가 흰 배를 드러내고 누워 있다. 길가에 늘어선 어판에는 꽃 모양 반건조 가자미가 예쁘게 단장하고 손님을 유혹한다. '보기 좋은 떡이 먹기도 좋다'는 옛 속담이 생각나는 바닷가 풍경이다.

강동 해변으로 들어서자 초여름 기운이 확 느껴진다. 기다란 몽돌 해변에서 아이들이 밀려오는 파도와 맞서 신나게 놀고 있다. 어떤 아이는 두 팔을 벌리고 '파도야 덤벼보라' 하고 어떤 아이는 한 손을 모래바닥에 짚고 바다를 향해 환호한다.

강동 해변에서 신나게 노는
아이들의 모습이 활기차다.

강동화암주상절리는 동해안 용암 주상절리 가운데 가장 오래된 절리다.

바다도 활기를 띤다. 나도 동심으로 돌아가 바지를 걷고 맨발로 해변을 걸어본다. 둥근 몽돌이 발바닥을 자극한다. 조금 아프지만 지압은 제대로 될 것 같다.

강동 해변의 또 다른 볼거리는 강동화암주상절리다. 약 2만 년 전인 신생대 제3기에 분출한 현무암 용암이 냉각되면서 생긴 절리, 생김새는 목재 더미를 쌓아 올린 것 같고 횡단면은 꽃무늬 모양을 하고 있다. 화암(花岩)이란 마을 이름도 여기에서 따온 것으로 짐작된다.

울산 신명 해변을 지나면 울산광역시가 끝나고 '경주 바다 지경리'란 글씨가 보인다. 지경리 위쪽의 몽돌 해변은 숨어 있는 듯 은밀하고 인적이 드물어 호젓하다. 몽돌 해변 뒤엔 폐건물인 코오롱수련관이 을씨년스럽다. 기암괴석과 어우러진 몽돌 해변에 파도가 몰려오고 쓸려나간다. 자그락자그락 흰 파도에 몸을 구르는 몽돌 소리가 유난히 청아하다. 해변에 무심히 앉아 몽돌 구르는 소리를 듣는다. 호젓이 몽돌 구르는 소리를 감상하기엔 적격지다. 가을엔 몽돌 소리 체험 아카데미라도 꾸려보고 싶은 마음이 왈칵 든다.

몽돌 해변에서 길은 끊어지고 큰 바위 소나무가 나온다. 그 위에 경주의 숨은 명소 지경리 해식동굴이 얼굴을 내민다. 동굴 모양이 독특해서 인생샷을 남길 수 있는 곳이다. 대학생 동호회로 보이는 청년들이 텐트를 치고 놀며 예쁜 바위틈에서 사진을 찍고 있다. 이곳은 알려지지 않은 일출 명소다. 아침 일찍 와서 해를 기다리는 사람이나 일출 사진을 찍으려는 사진가들도 종종 있다고 한다. 지경리 몽돌 해변과 해식동굴은 해파랑길 주노선에서 살짝 벗어나 있지만 조금만 발품을 팔고 호기심이 발동하면 만날 수 있는 곳이다. 여행을 하다 보면 가끔 의외의 명소를 만난다. 여행의 또 다른 즐거움이다.

지경리 몽돌 해변은 호젓한 곳에 위치해 몽돌 소리를 듣기 좋다.

관성 해변 솔밭길과 하서 해안의 밤바다

관성 솔밭 해변은 솔밭을 배경으로 캐러밴 야영지와 펜션들이 있다. 솔밭 사이로 난 좁다란 길이 해안을 따라 둥글게 이어져 걷기에 좋다. 한 중년 남자가 맨발로 고운 모래사장을 걷고 있다. 흐린 날씨에 혼자 걷고 있냐고 물으니 전립선암에 걸려 큰 병원에서 항암치료도 받았지만 효과를 보지 못해 식이요법과 바닷가 모래사장 맨발 걷기를 꾸준히 해 건강을 회복했다고 한다. 요즘 사람들은 현대의학에 너무 의존하고 있는데, 방사성과 약물이 몸을 망친다며 자연치유의 중요성을

부채꼴 주상절리가 꽃이 핀 듯 아름답다.

침이 마르도록 설파한다. 암에 걸렸던 사람답지 않게 얼굴이 환하고 맑아 보였다. 걷기 여행이 단순한 여가 수단을 넘어 심혈관계 건강 증진, 우울증 완화, 수면 개선 등 육체와 마음건강 증진에 기여한다는 연구 보고들이 나오는 요즘, 길 위에서 생생한 체험담을 들으니 걷기 여행의 효과에 더 관심을 갖게 된다.

하서 해변에 다다르자 어둠이 짙게 내리고 있다. 해변 계단에 앉아 밤 파도 소리는 듣는다. 파도 소리는 밤에 들어야 그 온전한 음을 느낄 수 있고 특별하다. 물결이 밀려들고, 쓸려가고, 포말이 흩어지는 소리 하나하나가 생생하게 살아있다. 오늘따라 파도가 거세다. 세찬 파도는 하얀 포말을 일으키며 몽돌을 굴리기도 하고 공중으로 밀어도 올린다. 자르륵 자르륵 우르륵 쏴아…. 몽돌 소리가 가슴속으로 파고든다. 바다의 교향곡을 듣는 것 같다.

파도소리길에 펼쳐진 주상절리 박물관

경주 하서항(율포 진리항)에서 읍천항 주차장까지 1.9km 구간은 주상절리파도소리길이라 불리고 있다. 이 구간의 주상절리는 분포도가 넓고 형태가 다양해 전체를 묶어 경주양남주상절리군이라고 부른다. 기울어지거나 누워 있는 주상절리, 위로 솟은 주상절리 등 다양한 모양이 군집을 이루고 있어 주상절리 박물관이라 칭한다. 이곳을 대표하는 주상절리는 둥글게 펼쳐진 부채꼴 주상절리로 동해에 핀 해국(海菊)으로 불리고 있다. 만개한 꽃처럼 바닷속에 아름답게 피어있는 바위, 자연이 빚어낸 걸작품이다. 이 해안길을 걷고 있으면 아름다운 바다 풍경 위에 새소리, 파도 소리가 어우러져 말할 수 없는 행복감이 밀려온다. 양팔을 벌리고 콧노래를 불러본다. "파도여 슬퍼 말아라. 파도여 춤을 추어라~". 파도소리길엔 주상절리 전망대가 있어 지나온 바다를 한눈에 조망할 수도 있다.

읍천항에는 읍천 어촌계 활어직판장이 있다. 눈길 가는 횟집에서 도다리와 성대회를 시켰다. 입에 착 달라붙는다. 너무 맛있다. 횟집 창문 밖으로 읍천항의 빨간 첨성대 모양의 등대가 눈에 들어온다. 해파랑길 10코스는 월성원자력발전소가 보이는 나아 해변에서 끝난다.

주상절리 전망대는 주변 풍경을 한눈에 아우를 수 있어 좋다.

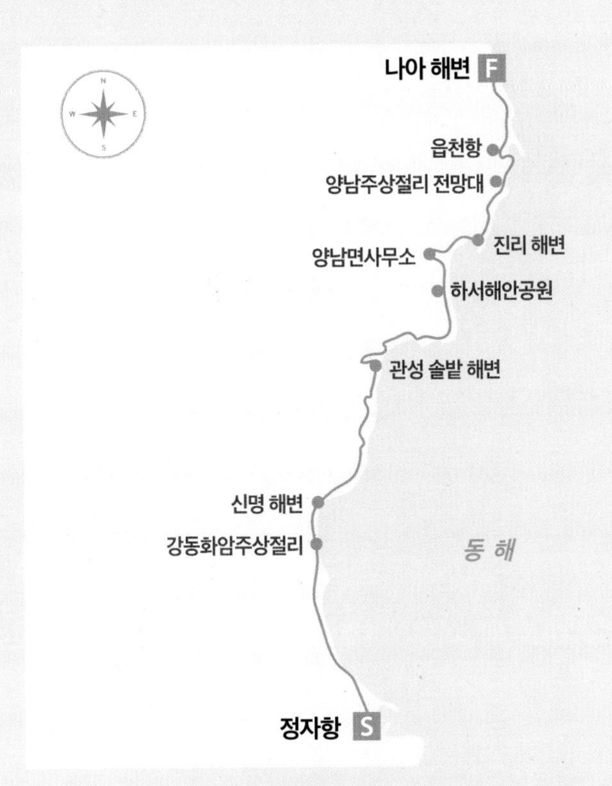

코스	울산 정자항 → 강동화암주상절리 → 관성 솔밭 해변 → 하서해안공원 → 양남주상절리 전망대 → 읍천항 → 나아 해변
거리	13km
시간	5시간
난이도	쉬움
교통	**시점** : 울산고속버스터미널 정류장(월성원자력홍보관 방면)에서 701번 버스 이용, 정자 하차 **종점** : 경주시외고속버스터미널에서 150번·150-1번 버스 이용, 나아원자력발전소후문 하차 도보 약 450m
추천	하서해안공원은 몽돌 해변과 송림이 있어 여름 피서철 명소다. 경주 감은사지, 문무대왕릉, 이견대 등이 위치한 해파랑길 11코스를 이어 걸으며 경주 역사를 느껴보는 것도 좋다.
먹거리	읍천항 돌미역, 전복이 유명하고 활어 직판장에서 다양한 회를 맛볼 수 있다.
편의시설	양남주상절리 전망대 주변에 예쁜 카페와 식당이 더러 있다.

근대의 어두운 역사를 넘어 희망의 길로

일제는 구룡포항을 점령해 막대한 부를 쌓았다. 구룡포항을 돌아서 만나는
일본인 가옥거리는 그들이 누린 풍요로움의 증거였지만,
우리에겐 착취당한 비극적 역사의 공간이다.
드라마 〈동백꽃 필 무렵〉 촬영지로도 유명세를 치렀다.
_홍성운

해파랑길 14코스는 구룡포항에서 출발해 해를 품은 동해의 땅끝마을 석병리를 지나 '호랑이 꼬리'라는 뜻을 가진 호미곶에서 걸음을 멈춘다. 호미곶 광장에는 상생의 손이 바다와 육지에 서로 마주 보고 손을 잡으라 하고, 상생의 손 너머로는 동해의 붉은 해가 떠오르며 희망을 노래한다.

일본인 가옥거리, 100년 전 역사 속을 걷다

과메기와 대게의 본고장인 포항 구룡포! 아홉 마리의 용이 승천했다는 구룡포에는 가슴 아픈 역사가 서려 있다. 1923년 일제가 구룡포항을 구축하고 어업권을 점령했다. 몰려온 일본인들은 이곳에서 막대한 부를 축적해 일본인 가옥거리를 만들어 풍요로운 생활을 누렸다.

구룡포항을 돌아서 만나는 일본인 가옥거리는 적갈색의 목조 벽면에 창이 많고 아기자기하다. 전형적인 일본 분위기다. 지우고 싶은 역사의 흔적이지만 이 또한 우리의 역사다. 일본 여행에서나 볼 수 있는 풍경을 포항에서 접할 수 있으니 관광객들이 끊이질 않는다. 이 거리는 2019년 방영된 드라마 〈동백꽃 필 무렵〉의 촬영지로 유명세를 치렀다. 촬영지였던 카페 '까멜리아'는 로맨틱한 분위기로 사람들을 모은다.

구룡포공원을 올라가는 계단이 가파르다.

삼정리 주상절리는 경주 양남주상절리처럼 화려하진 않지만 파도에 깎인 바위가 아름답다.

석병리에는 대한민국 동쪽 끝단을 알리는
지구본 모양의 표지석이 바닷가에 서 있다.

구룡포 근대역사관으로 사용되고 있는 건물은 1920년대 일본인 하시모토 젠기치가 살림집으로 지은 2층 목조가옥이다. 건물 내부에는 당시 일본 주택의 전통적인 가구와 소품들, 다다미방에서 차 마시는 모습 등이 예전 그대로 남아있다. 해설사의 설명도 들을 수 있어 꼭 들러보아야 할 곳이다.

마을 뒤편에는 일제강점기에 만들어진 공원이 있다. 공원으로 올라가는 돌계단 양쪽 돌기둥 비석에 구룡포항 조성에 기여한 이주 일본인들의 이름이 새겨져 있었다. 해방 이후 주민들이 시멘트로 기록을 덮어버리고 돌기둥을 거꾸로 돌려 구룡포 유공자들의 이름을 다시 새겨 넣었다. 아픈 기억을 지우고 구룡포 역사를 다시 쓴 주민들의 기개가 새삼 빛난다. 돌계단을 오르는 동안 내 가슴에도 쓰라린 역사가 새겨진다. 공원 안에는 구룡포를 상징하는 아홉 마리 용이 승천하는 모습의 조형물이 있고, 눈을 앞으로 돌리니 구룡포항이 장대하게 펼쳐져 푸른 빛을 품어내고 있다.

가장 먼저 해가 뜨는 곳, 석병리

구룡포 해변을 지나면 삼정리 주상절리다. 이곳 주상절리는 경주 양남주상절리처럼 화려하진 않지만 파도에 깎인 바위가 아름답다. 구룡포 바다를 배경으로 예쁜 포토존도 설치되어 있다. 해안 절벽을 이루고 있는 주상절리는 다른 지역과 달리 화산이 폭발하는 모습을 연상시키는 특이한 형상이다.

관풍대가 있는 삼정섬을 바라보고 걷다 보면 '해를 품은 석병, 대한민국 동쪽 땅끝'이라는 표지판이 나온다. 국토지리원에서는 섬을 제외한 우리나라 최동단을 경북도 구룡포읍 석병리로 표기하고 있다. 석병리는 대한민국에서 가장 먼저 해가 뜨는 곳이다. 한반도 동쪽 끝에서 불어오는 바람의 숨결이 왠지 특별하다. 표지판 앞쪽으로 한반도 동쪽 끝단임을 알리는 지구본 모양의 표지석이 세워져 있다. 표지석은 개인 소유 양식장 내에 있어서 외부인의 출입을 허락하지 않는다. 새 한 마리가 숨겨진 보물을 찾아 날아온 듯 표지석 위에 앉아있다.

포항의 산토리니, 다무포 고래마을

철썩이는 파도 소리를 벗 삼아 걷다 보면 고래가 찾아와 바닷속 이야기를 들려주었다는 다무포 고래마을을 만난다. 궁벽하고 작은 어촌마을이었던 다무포 마을은 지금 '다무포 하얀마을'로 변신했다. 2019년부터 포항 각지에서 찾아온 자원봉사자들의 담벼락 페인팅과 각종 후원, 마을 주민의 협력으로 이루어낸 쾌거다. 마을 전체를 하얀 벽과 파란색 지붕으로 칠해 그리스 산토리니처럼 꾸민 다무포 하얀마을은 고래 모양의 마을 브랜드를 만들고 집집마다 아름다운 문패를 달았다. 바다와 인어 김○○, 별따는 해녀 김○○…. 바라보는 것만으로도 웃음이 난다. 민간 주도로 이루어진 하얀마을 만들기 사업은 지금까지 이어오고 있다. 다무포 하얀마을은 색다른 체험을 경험해 보고 싶은 이색 체험장이 되었고, 지역주민과 포항시민이 함께 만든 축제장이 되었다.

상생과 희망의 불씨를 새기는 호미곶

강사리를 지나니 높다랗게 솟은 호미곶의 하얀 등대가 길손을 안내한다. 호미

다무포 하얀마을은
마을 브랜드와 문패가 독특하다.

마을 전체를 하얀 벽과 파란색 지붕으로 칠해 그리스 산토리니처럼 만들었다.

호미곶 '상생의 손' 너머로 수평선이 조금씩 붉은 빛을 띠더니 바다에서 해가 머리를 내민다.

곶 광장에는 어느새 어둠이 내리고 있다. 이 광장의 유명세를 이끈 주역은 조각가 김승국 교수가 제작한 '상생의 손'이다. 오른손은 바다에, 왼손은 육지에 있는 이 조형물은 서로 마주 보게 설치해 상생과 화합을 상징한다. 진보와 보수, 남과 북, 신세대와 기성세대 등 수많은 대립과 갈등의 벽이 점점 높아지는 요즘, 이 상생의 손처럼 조화와 화합을 조금씩이라도 이루어갔으면 좋겠다.

여기까지 왔으니 호미곶 일출을 놓칠 수가 없다. 호미곶 모텔에서 하루를 묵고 이른 새벽, 광장에 나왔다. 금발 머리의 외국인 십여 명이 동트는 바다를 바라보고 있다. 상생의 손 너머로 수평선이 조금씩 붉은 빛을 띠더니 바다에서 해가 머리를 내민다. 사방이 금방 붉게 물들어 호미곶의 아침을 밝힌다. 그 붉은 해의 기운이 해맞이 나온 사람들과 어둠의 터널을 지나고 있는 모두에게 희망의 불씨가 되길 바라본다. 오랜만에 동해 일출을 마주하니 좋은 기를 받아 가는 느낌이다.

코스 | 포항 구룡포항 → 일본인 가옥거리 → 구룡포 해변 → 주상절리 전망대 → 석병리(동쪽 땅끝) → 다무포 고래마을 → 호미곶 등대

거리 | 14.2km

시간 | 4시간 30분

난이도 | 쉬움

교통 | **시점** : 포항고속버스터미널에서 9000번 좌석버스 이용, 구룡포환승센터 하차
종점 : 포항고속버스터미널에서 9000번 좌석버스 이용, 해맞이광장(면민회관) 하차

추천 | 일출전망대, 새천년기념관, 새천년영원의불, 느린우체통, 국립등대박물관, 연오랑세오녀 조형물 등 호미곶에는 볼거리가 가득하다.

먹거리 | 구룡포항 과메기, 멍게비빔밥

편의시설 | 호미곶 여행자쉼터, 호미곶 새천년기념관 주차장, 해변에 황토오토캠핑장과 유니의바나캠핑장, 그린오토캠핑장 등 곳곳에 캠핑장이 있다.
호미곶 주변에 깡통열차가 다니고 있어 체험 가능하다.

푸르고 푸른 바닷길 '영덕 블루로드'

대게를 형상화한 조형물 사이로 계단을 내려가면 블루로드 포토존이다.
카메라 셔터를 누르지 않을 수 없는 풍경이다.
해안에는 기암괴석이 줄지어 자태를 뽐내고 있다.
푸른 물빛이 어찌나 맑은지 물밑 돌들도 선명하게 보인다.
_ 홍성운

해맞이공원에서 바라본
영덕 해안 풍경

에메랄드빛의 눈부신 동해를 만나보고 싶다면 해파랑길의 영덕 '블루로드'를 걸어보자. 해안은 끊임없이 기암괴석을 안고 가고 푸른 해송 숲은 싱그럽다. 해파랑길 21코스, 영덕의 바다는 맑디맑은 옥색이다.

블루로드 B 코스로 불리는 이곳은 영덕 해맞이공원에서 석리와 경정리 대게원조마을을 지나 축산항에 이르는 구간이다. 아름다운 바다 풍경을 끼고 좁다란 해안 숲길과 소박한 어촌마을을 걷는 길로 해파랑길 영덕 구간 중 가장 인기다.

온전히 바다와 하나 된 힐링의 시간

거대한 게의 집게발 모양이 인상적인 창포말 등대에서 걸음을 시작한다. 등대를 지나 해맞이공원에 서면 경정리 마을과 죽도산 끝자락이 한눈에 들어온다. 부드러운 해안선을 따라 바다 기슭에 자리 잡은 마을과 우뚝 솟은 산봉우리, 푸른 바다가 어우러진 풍경에 눈이 시원하다. 대게를 형상화한 조형물 사이로 계단을 내려가면 블루로드 포토존이다. 카메라 셔터를 누르지 않을 수 없는 풍경이다. 이어지는 바닷가의 거대한 바위들…. 해안길의 시작이다. 해안에는 기암괴석이 줄지

바닷가에는 기암괴석이 줄지어
자태를 뽐내고 있다.

어 자태를 뽐내고 있다. 푸른 물빛이 어찌나 맑은지 물밑의 돌 색깔도 선명하게 보인다.

영덕 해맞이공원에서 오보 해변으로 이어지는 길은 바닷가 벼랑을 오르내리는 바윗길과 데크길, 숲길이 번갈아 나타나 지루할 틈을 주지 않는다. 길은 삐죽삐죽하고 거친 바위틈을 지나기도 하고 아기자기하게 이어지기도 한다. 재미있지만 조금 힘든 길이다.

해변길에 들어서니 바다가 나를 유혹한다. 검은 암석이 지천으로 깔린 노물리 해안의 바다는 황홀하다. 푸른 바다와 마주 서서 밀려드는 파도를 바라본다. 춤추며 밀려와 하얀 거품을 내며 스러지는 물결은 파도가 모래사장 위에 그리는 그림이다. 바다는 시시때때로 몸을 바꾼다. 거세게 밀려온 파도가 해안에 부딪쳐 하얀 포말로 부서지는 모습은 눈보다 희다. 시간 가는 줄 모르고 춤추는 파도 소리를 들었다. 오랜만에 온전히 바다와 하나 된 힐링의 시간이다.

블루로드 다리 너머 죽도산 전망대

노물항을 지나면 석동리 예신마을이 나온다. 돌이 많아 석리(石里)라고 불린다. 언덕 위의 집들은 푸르고 붉은 지붕을 이고 있다. 아름다운 풍경화 속으로 들어온 것 같다. 석리마을을 지나니 군인 한 사람이 어서 오라는 듯 반갑게 손짓한다. 조형물이지만 환한 웃음이 반갑다. 이 길은 예전에 민간인 통행이 제한된 해안 초소 근무병들의 순찰로였다. 민간에 개방되면서 길의 정체성을 살리고 스토리를 입혀 걷는 사람들에게 즐거움을 안겨주고 있다.

해안의 검은 암석과 푸른 파도가 어우러져 황홀한 풍경을 자아낸다.

춤추듯 삐죽삐죽 솟아있는 바위들이 멋스럽다.

해안가 군인 조각상. 이 길은 예전에 민간인 통행이 제한된 해안 초소 근무병들의 순찰로였다.

석리를 지난 길은 축산면으로 접어든다. 하얀 모래밭과 형형색색의 자갈돌이 펼쳐진 경정3리의 바닷길은 한적하고 평화롭다. 경정 해수욕장을 지나 걸어 내려가면 경정2리 대게원조마을이다. 마을 입구에는 대게 원조마을임을 자랑하는 대게원조비가 세워져 있다. 대게는 죽도산이 보이는 대게원조마을 앞바다에서 잡은 게의 다리 모양이 대나무처럼 길쭉하다고 하여 붙여진 이름이다.

영덕 대게는 얇은 껍질에 살이 꽉 차 있고 다리 살이 담백하면서도 쫄깃하다. 독특한 향에 뒷맛까지 개운하다. 영덕 대게가 워낙 유명하다 보니 대게를 소재로 축제도 만들었다. 영덕대게축제다. 축제는 매년 2월 말~3월경에 영덕 해파랑공원과 강구항, 대게원조마을 일원에서 개최된다.

대게원조마을을 지나면 해송 숲길이다. 키 큰 해송들이 병풍을 두른 듯 하늘 높이 솟아있는 이 구간은 인적이 드물어 더 호젓하고 편안하다. 숲 사이로 언뜻언뜻 보이는 바다 풍경도 색다르다.

멀지 않은 곳에 블루로드 다리가 보인다. 다리 너머에는 죽도산 전망대가 우뚝 솟아있다. 작은 산봉우리 전체가 대나무로 덮여 있다고 해서 붙여진 이름, 죽도산이 지친 길손을 반긴다. 꼬불꼬불 나무 데크로 꾸민 산책로를 따라 올라가면 시야가 탁 트이는 정상이다. 지나온 마을과 등대가 한눈에 들어온다. 축산항에 정박해 있는 배 위로 갈매기들이 한가롭게 노닐고 있다.

종점인 축산항에는 대게 식당이 줄지어 있다. 시원한 동해를 바라보며 대게와 활어회를 비교적 저렴한 가격에 즐기려면 축산항 대게활어어시장에 들러보는 것도 좋다.

블루로드 다리 너머에 죽도산 전망대가 우뚝 솟아있다.

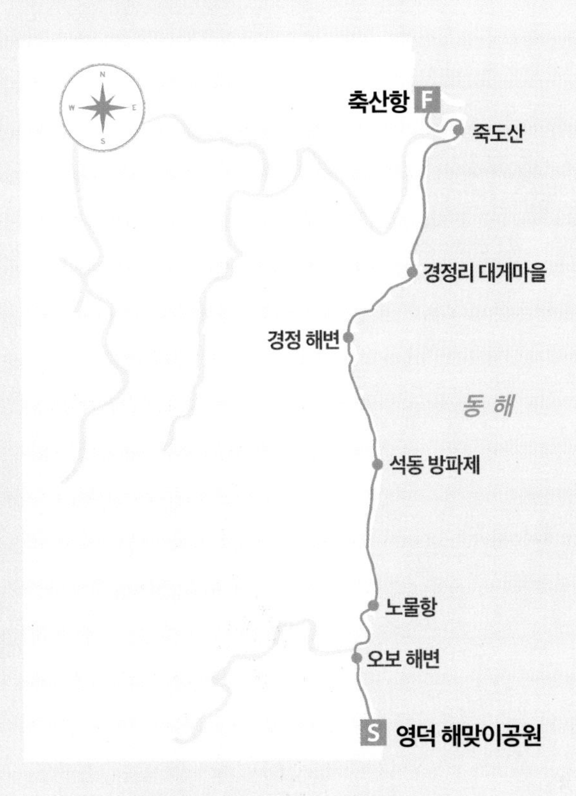

코스	영덕 해맞이공원 → 오보 해변 → 노물항 → 석리 → 경정리 대게마을 → 죽도산 전망대 → 축산항
거리	12.7km
시간	5시간
난이도	약간 어려움
교통	**시점** : 영덕시외버스터미널에서 영덕~축산행 버스 이용, 대탄 하차 도보 700m **종점** : 영덕시외버스터미널에서 영덕~축산행 버스 이용, 축산리 하차
주의	작은 해변과 바위길, 숲길이 이어져 편의시설이 부족하다. 물과 간단한 간식을 챙겨가면 좋다.
먹거리	경정2리 대게원조마을의 영덕 대게

후포의 넉넉함 안고
화랑의 자취를 찾아서

후포는 '비단처럼 빛나는 바다'라서 휘라포(徽羅浦)라 불렸던 포구다.
긴 방파제 안에 늘어선 배와 후포의 푸른 바다 위로 연분홍빛 노을이 곱게 물든다.
노을빛에 젖어가는 후포는 새벽안개처럼 몽환적이다.

_ 홍성운

멀리 동해 바다를 바라보며 생각한다
널따란 바다처럼 너그러워질 수는 없을까
깊고 짙푸른 바다처럼
감싸고 끌어안고 받아들일 수는 없을까

- 신경림의 <동해 바다-후포에서> 중에서

후포항을 붉게 물들이는 저녁노을을 보며 깊고 넓은 동해처럼 관대하게 살고자 했던 시인의 모습을 떠올려 본다. 해파랑길 24코스는 울진을 대표하는 항구인 후포항에서 후포 등대가 있는 등기산을 둘러보고 울진대게로를 지난다. 관동팔경 중 최남단에 있는 월송정에서 소나무 숲 달빛 아래 거닐던 화랑의 자취를 더듬고 오래된 이야기를 만난다. 길은 울릉도로 가는 뱃길 구산항으로 이어진다.

비단처럼 빛나는 포구, 후포항

후포는 '비단처럼 빛나는 바다'라서 휘라포(徽羅浦)라 불렸던 포구다. 그 아름다움을 느껴보려면 항구 뒤쪽의 야트막한 등기산에 올라 보아야 한다. 등기산을 오르는 길 벽면에 '그대 그리고 나의 꽃길'이라는 글씨가 있다. 타일 계단을 오르니 1998년 방영된 드라마 〈그대 그리고 나〉를 촬영한 집이 나온다. 동해는 어디를 가나 드라마 촬영지다. 공원에 가까워지자 아름드리 큰 나무들이 우거져 있어서 시원하다.

등기산(燈旗山)은 한자 그대로 낮에는 흰 깃발을 꽂고 밤에는 봉홧불을 피워 후포항을 드나드는 고기잡이 어선들을 안전하게 항해할 수 있도록 길라잡이 역할을 했다는 데서 붙여진 이름이다. 1968년에 팔각형의 하얀색 후포 등대가 세워졌다. 가까이 가니 창살로 된 문이 굳건히 닫혀 들어갈 수가 없다. 아쉽다. 등기산 등대를 지나 등기산의 울창한 수목 너머로 펼쳐진 후포항을 바라본다. 긴 방파제 안에 늘어선 배와 후포의 푸른 바다 위로 연분홍빛 노을이 곱게 물든다. 노을빛에 젖

1968년 등기산공원에 세워진 팔각형의 하얀색 후포 등대

어가는 후포는 새벽안개처럼 몽환적이다.

등기산공원에는 브레머하펜 등대, 벨록 등대 등 세계 주요 도시의 등대를 축소한 형태로 만들어 곳곳에 세워놓았다. 지중해풍 조형물 등 설치 작품도 있어 볼거리가 많다. 공원에서 꼭 둘러볼 곳은 여말선초의 문인들로부터 듬뿍 사랑을 받던 망사정(望槎亭)이다. 고려말의 뛰어난 문인 안축(安軸)은 "단청빛 공중에 떠서 물속에 비치는데, 올라와 구경하며 한 번 바라보니, 속정(俗情) 씻어지네. 비 개인 푸른 수림엔 꾀꼬리 소리 나고, 바람 잔잔한 푸른 물결엔 흰 갈매기들 즐기네. 8월의 신선 배는 은하수를 가는 듯, 백 년의 오랜 생선 가게는 앞 수풀 건너 있네. 이 강산을 만고에 알아볼 이 없어서 하늘이 깊이 감추어 오늘을 기다렸다네"라고 망사정을 노래했다. 물속에 비친다고 했으니 정자는 절벽에 있었을 것이다. 배가 은하수를 가는 것 같다는 표현이 멋들어지다. 망사정 앞으로 스카이워크와 굼실대는 푸른 파도가 보인다. 비단처럼 빛나는 포구라는 휘라포가 틀린 말은 아니다.

화랑이 노닐던 관동팔경의 첫 자락, 월송정

직산1리를 지나 남대천 월송교를 지나면 평해사구습지 생태공원이다. 구산 해수욕장과 월송정 등 빼어난 해안선과 배후습지를 활용해 아름다운 자연을 느낄 수 있다. 소나무 숲길은 해안사구와 푸른 바다와 어우러지게 잘 조성되어 있다. 숲길에 손잡고 다정히 걷는 노부부가 있어 인사를 했다. "공기가 참 좋지요. 10월에 오면 더 좋으니 또 오이소" 한다.

소나무 숲길을 따라 조금 올라가면 평해읍 월송리 바닷가에 위치한 월송정이다. 월송정은 관동팔경 중 하나다. 신라 때 술랑(述郎)·영랑(永郎)·안상(安祥)·남석(南石) 네 화랑이 달밤에 솔밭에서 달[月]을 구경하며 놀았기 때문에 월송정(月松亭)이라 쓰기도 하고, 중국 월(越)나라의 소나무를 옮겨와 이곳에 심었다 하여 월송정(越松亭)이라고 한다는 등 월송정과 관련된 많은 기록이 있다. 화랑들은 무예 등으로 도의를 닦는 것 외에도 산수 좋은 곳을 찾아 노닌다는 유오산수(遊娛

관동팔경 중 하나로 꼽히는 월송정은 화랑들이 소나무 숲에서 달을 즐겼던 곳이라고 전해진다.

山水), 노래와 음악을 즐긴다는 상열가악(相悅歌樂)을 수양의 방법으로 삼았다고 한다. 삼국을 통일한 신라 화랑정신의 배경에는 산수를 찾아 노닐고 음악을 즐기는 풍류 정신이 배어 있음에 주목해야 한다. 삐뚤어지고 편향된 오늘의 교육 현실이 안타깝다.

> 선랑(화랑)의 옛 자취 어디에서 찾을까/ 만 그루 장송(長松)들 빽빽이 들어섰네/ 백설같은 모래바람 눈 안에 가득/ 올라가 한번 바라보니 흥 못 참겠다

화랑들이 놀던 자취와 월송정의 절경을 읊은 숙종의 어제시다. 신라 이후에도 수많은 문객들이 월송정을 노래했다. 선인들의 감흥과 정취를 안고 월송정 소나무 숲길을 걸어본다. 아름드리 소나무가 줄지어 선 길이 아름답다. 거일1리 주민이라고 소개하는 아주머니를 만났다. 담낭암에 걸려 수술을 받았는데 2년 동안 솔숲 걷기를 하니 피가 맑아지고 건강해졌다며 걷기의 생활화를 권한다. 길 위에서는

건강 전도사들을 많이 만난다. 걷기의 선물일 것이다. 해파랑길을 낸 사람으로서 가슴이 뿌듯하다.

울릉도·독도를 지킨 수토사와 대풍헌

구산 해수욕장을 지나 구산2리 마을회관 앞을 지날 때 대풍마당이란 곳에서 갑옷을 입은 병사들의 조형물이 나온다. 이름도 생소한 수토사(搜討使)는 울릉도로 도망간 주민들을 육지로 데려오고, 일본인들이 울릉도와 독도에서 불법 어로를 못하도록 토벌하던 군사라고 한다.

얼마를 더 가니 대풍헌이라는 팔작 기와 지붕 집이 나타난다. 대풍헌은 '바람을 기다리는 집'이라는 뜻이다. 대풍헌은 조선 후기에 구산항에서 울릉도로 가는 수토사들이 배를 띄우기 전에 순풍을 기다리며 항해를 준비하던 곳이다. 수토사들은 울릉도와 직선거리로 가장 가까운 이곳 구산포에서 며칠 동안 순풍을 기다려 파도

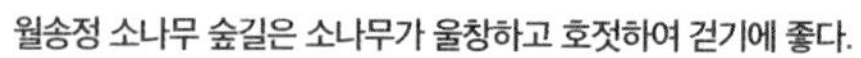
월송정 소나무 숲길은 소나무가 울창하고 호젓하여 걷기에 좋다.

대풍마당에 위풍당당 서 있는 울릉도 수비대 군사들.
'수토사'라 불린 그들은 일본인들이 울릉도와 독도에서 불법 어로를 못 하도록
토벌하는 역할을 했다고 한다.

대풍헌은 조선 후기
울릉도로 가는 수토사들이
배를 띄우기 전에 순풍을 기다리며
항해를 준비하던 곳이다.

가 잠잠할 때 출발했다. 순풍일 때는 2~3일이면 울릉도에 도착할 수 있었다고 한다. 수토사와 대풍헌은 우리나라가 울릉도와 독도를 실질적으로 지배한 역사적 현장으로 주목받고 있다. 이는 독도를 일본 땅이라고 우길 수 없는 또 다른 증거이니 그 의미가 각별하다. 해마다 봄철이면 조선조 당시의 수토사 행렬을 재현하는 '수토사뱃길재현 축제'가 펼쳐진다고 하니 꼭 다시 한번 와야겠다.

대풍헌 앞에는 독도를 본뜬 조형물이 설치되어 있다.

코스	울진 후포항 → 등기산공원 → 직산항 → 평해사구 → 월송정 → 구산항(대풍헌) → 기성시외버스터미널
거리	18.4km
시간	6시간 30분
난이도	보통
교통	**시점** : 후포공용시외버스터미널에서 평해~후포행 버스 이용, 동심동 하차 **종점** : 평해읍에서 기성버스터미널행 시외버스 이용
주변 먹거리	후포항 울진 대게
편의시설	구산항 대풍헌 앞에 있는 수토문화전시관

파도가 조각한
이야기를 따라

동해의 푸른 파도가 하얗게 부서지는 해변길을 걷다 보면 순비기나무 군락이 고운 향기를 전하고, 왕벚나무 가로수가 시원한 그늘을 건넨다. 맹방 해변에서 시작해 추암에 이르기까지 바다와 산을 배경으로 한 다양한 자연과 역사, 문화를 만날 수 있다.

_ 신정섭

마읍천 하구에 오롯이 떠 있는 덕봉산(53m)을 돌아 맹방 해변 입구에서 길을 시작한다. 해파랑길 32코스는 추암에 이르기까지 바다와 산을 배경으로 한 다양한 형태의 자연과 역사, 문화를 만날 수 있는 곳이다. 동해의 푸른 파도가 맹방, 하맹방, 상맹방으로 이어지는 해변에서는 파도가 하얗게 물거품을 일으키는 바닷가나 곰솔과 소나무가 울창한 숲길 중 한 곳을 선택할 수 있다. 백병산(1,259m)에서 발원해 동해로 흐르는 오십천을 따라가며 관동팔경의 하나인 죽서루와 바다가 일으키는 수해를 막기 위해 세워진 척주동해비의 사연을 마주한다. 바다의 거센 바람을 그대로 품고 있는 나릿골 언덕배기에 오순도순 모여 있는 꽃밭과 솔숲을 지나서 바다로 나가 수로부인과 이사부의 이야기를 듣다 보면 어느새 바다를 향해 우뚝 솟은 추암에 이르게 된다.

햇빛 가득한 맹방 해변을 걷다

햇빛 가득한 모래밭을 걷는다. 32코스의 시작점인 맹방 해변은 한 걸음 나간 바닷속 모래밭에서 조개를 잡는 사람들이 자주 눈에 띄던 곳이다. 낮게 깔린 순비기나무의 향을 맡는다. 감탄이 절로 나는 이 향은 화장품의 원료가 되기도 한다. 무심히 지나치던 나무 한 그루 풀 한 포기도 잘 살펴보면 그 매력에 감탄하게 된다. 축제 기간이 끝난 유채밭을 지나 연륜이 묻어나는 왕벚나무 가로수길을 걸어 한재에 오른다. 이곳은 덕산에서 한재에 이르는 긴 해변이 절경이었는데 지금은 바다에 짓고 있는 화력발전소 접안시설이 경관을 해치고 있다. 오십천 강변으로 이어지는 왕벚나무 가로수 그늘의 시원함이 발끝을 한결 가볍게 해준다. 여름이 가까워질수록 길에서는 나무의 고마움을 더 자주 느끼게 된다.

삼척문화예술관을 지나 죽서교 위에서 강 건너편의 죽서루를 바라보며 겸재 정선과 단원 김홍도의 〈죽서루〉 그림을 떠올린다. 조선을 대표하는 두 거장의 그림을 보면 죽서루 양옆에 고목이 서 있는데 현재 죽서루 옆에 있는 나무와 비교해 보기를 권한다. 오십천 둔치의 삼척 장미공원에는 7월까지도 장미가 꽃을 피워

다리가 아픈 것도 잠시 잊고 장미 향에 빠지게 한다. 13만 그루의 장미가 한꺼번에 개화하는 5월 장미축제가 이곳의 절정이지만, 철 지난 장미가 주는 감흥도 꽤나 깊다.

정리 삼거리를 지나 정라동 행정복지센터 뒤쪽으로 가면 느티나무들이 그늘을 드리운 나지막한 산이 나온다. 육향산이다. 이곳엔 조선 후기 문인 허목이 쓴 척주동해비가 있다. 동해의 높은 파도가 육지로 밀려와 백성들이 큰 피해를 보는 일이 많았는데, 허목이 이 비를 세운 후 파도로 인한 피해가 감쪽같이 사라졌다고 한다. 들러볼 가치가 충분한 육향산 옆에는 이사부독도기념관이 2024년 7월에 개관했다.

해파랑길 32코스는 맹방 해변에서 시작한다.

겸재와 단원의 그림을
떠올리게 하는 죽서루

긴 해변과 조개를
만날 수 있는
맹방 해변

바다는 파도와 바람으로 자연을 조각하고

삼척항에서 해파랑길은 산비탈의 나릿골감성마을로 올라간다. 산길이 부담 가는 이들은 새천년해안도로를 따라 걷기도 한다. 자투리 밭들이 많았던 나릿골은 이제 나릿골감성마을이 되었고 밭 대신 관광객을 위한 공원과 꽃밭이 늘고 있다. 감성마을에 조경 공간은 늘어가지만, 바닷가 마을에서 볼 수 있었던 자연스러운 감성이 점점 줄어드는 건 아닐까.

산길은 광진항에서 다시 바다와 만난다. 다양한 형태의 조각들이 바다를 배경으로 서 있는 비치조각공원에서 커피를 한잔 마시며 절벽에 부서지는 파도의 속살을 감상한다. 이곳 조각들이 설치되기 아주 오래전부터 바다는 파도로 바위를 깎고 바람으로 다듬어 조각해 놓았다. 후진항으로 가는 해변에서 만난 두꺼비바위는 바다가 만든 멋들어진 구상 작품이다.

대규모 리조트의 지루한 주차장 길을 넘어서니 길가에 임해정과 함께 커다란 돌 구슬이 있는 해가사 터가 나타난다. 신라 성덕왕 때 강릉 태수로 부임한 순정공의 아내인 수로부인을 바다 용이 납치해 가자 마을 사람들을 동원해 해가(海歌)를 지어 부르니 용이 수로부인을 돌려주었다는 『삼국유사』의 설화를 바탕으로 복원해 놓은 곳이다. 이곳의 정자에서 잠시 쉬다 나무로 만든 사자를 이용해 울릉도를 정벌한 이야기가 조각으로 전시된 이사부공원을 지나 추암에 도착한다. 파도와 바람이 석회암을 깎아 만든 바다의 걸작품인 촛대바위가 장엄하게 서 있다. 32코스의 종점은 추암의 출렁다리와 추암조각공원을 지나 주차장의 한편에 있는 안내판까지다.

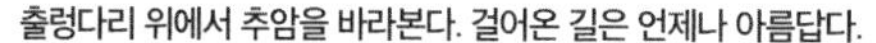
출렁다리 위에서 추암을 바라본다. 걸어온 길은 언제나 아름답다.

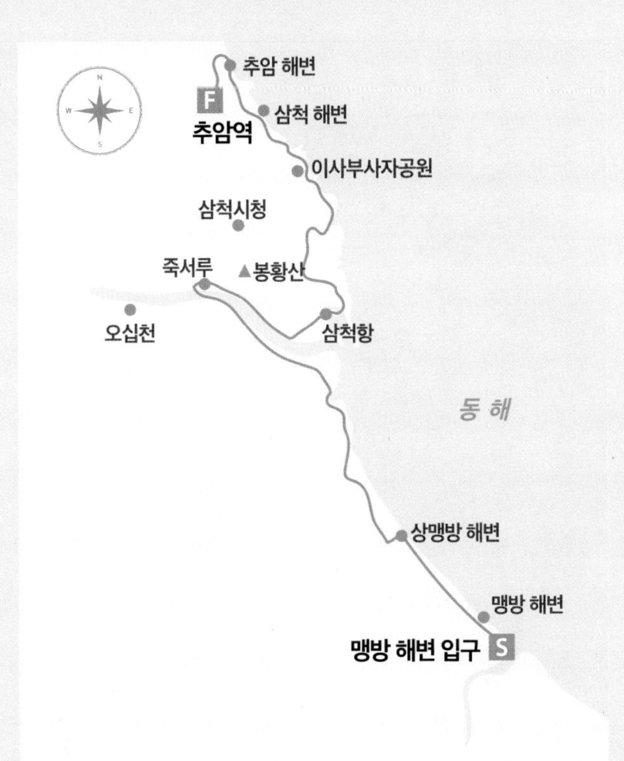

코스	맹방 해변 입구 → 상맹방 해변 → 죽서루 → 삼척 해변 → 추암 해변 → 추암역
거리	21.9km
시간	8시간
난이도	보통
교통	**시점** : 삼척종합버스터미널에서 30번 버스 이용, 하맹방리 하차 도보 약 1.4km **종점** : 삼척종합버스터미널에서 11-1번 버스 이용, 증산 정류장 하차
참고	나릿골감성마을에서 소나무 숲길을 걸으며 광진 해변에 이르는 산길 구간 대신 삼척항에서 새천년해안도로를 따라 걷는 이들도 있다.
먹거리	삼척항, 삼척 해변, 추암 해변 등지에서 해산물 음식점을 쉽게 만날 수 있다.

청아한 몽돌 소리에 쌓인 피로가 사르르

추암역에서 묵호역에 이르는 길은 행운 같은 즐거움이 가득하다.
산업단지와 산업항으로 이어지는 길 사이에서 풍성한 오일장이 열리며,
알록달록 조명으로 빛나는 한섬 해변에선 우리의 이야기가 별처럼 반짝인다.
_ 신정섭

길에도 때와 날이 있으니
행운 같은 즐거움을 만난다

긴 길을 따라 걷다 보면 상가도 나오고, 시내의 도로를 따라 걸어야 할 때도 있다. 길은 모든 것을 아우르는 통로이기 때문이다. 그런 곳에서 절경을 마주하거나 소중한 인연을 만난다면 걷기 여행의 참 기쁨을 깨닫게 된다. 추암역에서 묵호역에 이르는 해파랑길 33코스는 이 말이 잘 어울리는 길이다. 산업단지와 산업항으로 이어지는 길 사이에서 풍성한 오일장이 열리며, 스쳐 지나갈 것 같은 한섬 해변에서 자연의 솜씨를 마주하고, 우리의 소곤대는 이야기들이 별이 되어 해변에 반짝이는 순간을 추억할 수 있다.

전천의 물길 따라 피어나는 이야기

추암을 뒤로 하고 언덕길을 걸어 오른다. 여름이면 이 구간의 말동무는 회화나무 가로수다. 수명이 길고 크게 자라는 회화나무는 심으면 악귀를 물리쳐 준다는 속설이 있어 예로부터 집이나 공공건물 주변에 많이 심은 나무다. 루틴이라는 물질이 있어 고혈압 등 혈관 관련 질환에 약재로 쓰이기도 한다. 추위나 공해, 병충해에 강한 특성 때문에 산업단지가 있는 이 길에 회화나무를 심었나 보다.

태양광 시설이 눈에 띄는 동해시 위생처리장을 지나면 전천하구에서 동해를 바라보는 할미바위가 반겨 준다. 바위는 머리에 비녀를 꽂은 영락없는 할머니의 모습이다. 동네 아이 여럿이 밀면 흔들리는 흔들바위라는데 흔들어 보니 미동조차 없다. 간혹 이 바위의 모습이 전혀 할머니를 닮지 않았다고 하는 이들도 있는데 바위를 돌아 강 쪽에서 보면 할머니의 모습을 볼 수 있다.

1947년 광복을 기념해 지어진 호해정(湖海亭)에서 잠시 쉬어간다. 하천이 보이는 곳에 호수라는 표현을 쓴 것을 보면 과거에도 전천하구의 폭이 꽤 넓었을 것으로 짐작된다. 지금 쌍용시멘트와 동해항이 있는 곳에는 삼척 비행장과 북평 해변이 아름답게 펼쳐져 있었다고 한다. 호해정에는 여러 개의 현판이 있는데 그중에 추사 김정희의 천하괴석(天下怪石) 현판이 눈에 띈다. 그리 오래되지 않은 이 정자에 추사의 글이 있는 사연이 궁금해진다.

호해정 옆에는 오석으로 된 비에 유한갑오생(有韓甲午生)이라 씌어있다. 빽빽한 비문의 내용을 다 읽어 보진 못했지만, 비의 옆면에 갑오생들이 환갑을 기념해 세운 비라 적혀 있다. 호해정의 역사로 볼 때 이 비를 세운 분들은 1894년생일 것이고, 1954년에 이 비를 세운 것 같다. 지금은 환갑이 되면 가족끼리 식사 한끼 하는 정도인데 사뭇 달라진 세상 풍경을 절감한다.

전천 옆 북평동은 전국적으로 규모가 큰 북평 오일장이 열린다. 이곳을 걷는 날의 뒷자리가 3일과 8일이라면 대동로를 중심으로 펼쳐지는 장 구경을 지나치지 말길 권한다. 금방 말아주는 국수 한 그릇만으로도 속이 따끈해진다.

소나무 숲을 등지고 전천을 바라보며 서 있는 호해정

한섬 해변의 밤을 아름답게
수놓는 리드미컬게이트

빛 터널 걸으며 반짝이는 추억 속으로

전천에서 벗어나 택시들이 줄을 선 동해역을 지나 메타세쿼이아 가로수를 따라 동해 시내로 들어간다. 2월이면 복수초가 눈 속에서 꽃을 피우는 냉천공원에서 멀지 않은 한섬 해변은 젊은 연인들이 많이 찾는 곳이다.

개인적으로 한섬 해변은 밤에 걷는 것을 좋아한다. LED 조명을 이용한 리드미컬게이트와 칙칙한 테트라포드에 파란색, 보라색 등 여러 가지 색을 칠하고 달별로 이야기를 써놓은 아기자기함 때문이다. 낮이라면 영화 〈007〉에 나오는 제임스 본드 섬 같이 생긴 하대암을 보는 즐거움도 있다.

한섬 해변의 북쪽에서 다시 도로로 나가 해파랑길이 이어지는데 이 길보다는 소나무 숲이 우거진 해변을 따라가는 행복한섬길을 추천한다. 관해정 아래 손바닥만한 몽돌 해변에 앉으니 촤르르 파도가 빠져나갈 때마다 몽돌 소리가 난다. 웬만한 음악보다 낫다는 생각이 든다.

행복한섬길을 따라가면 천곡항을 지나 고불개 해변에서 절벽을 마주하고 있는 기암을 볼 수 있다. 등을 돌리고 서 있는 신사의 뒷모습 같기도 한 이 바위가 포토존으로 만들어 놓은 호랑이바위보다 더 시선을 끈다.

동해항은 1998년 관광객을 태운 현대금강호를 시작으로 2003년 육로 관광이 시작되기까지 북한의 장진항으로 가는 금강산 관광 여객선이 운행되던 곳이다. 언제고 다시 그 길이 열리길 바란다. 해파랑길을 따라 묘향산을 지나 백두산까지 걷는 꿈을 꾼다. 지금은 부곡 돌담마을 해안숲공원을 지나 빛바랜 골목길을 추억으로 걷는다.

멀리 보이는 한섬 해변 하대암. 조용한 바닷길의 오후를 걷는다.

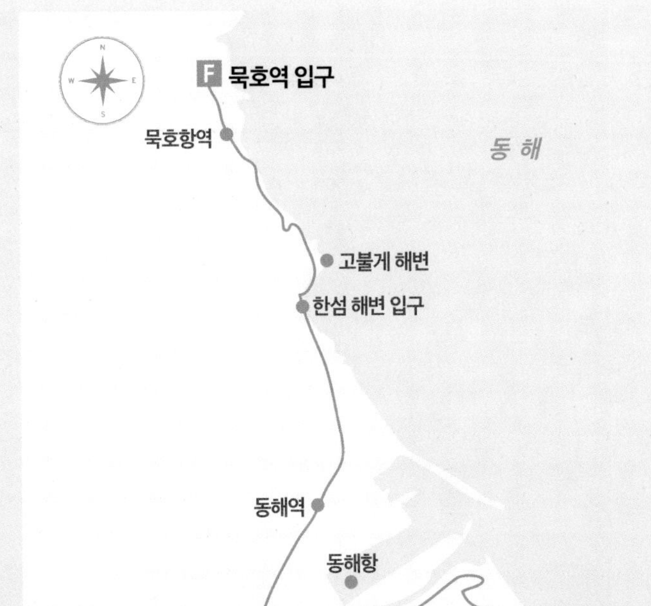

코스	동해 추암역 → 동해역 → 한섬 해변 입구 → 묵호역 입구
거리	13.6km
시간	4시간 30분
난이도	쉬움
교통	**시점** : 삼척종합버스터미널에서 11-1번 버스 이용, 증산 하차 **종점** : 동해시종합버스터미널에서 21-3번·154번 버스 이용, 동해프라자 하차
주의	추암에서 동해역 구간은 상점이 적다. 물이나 간식거리를 사전에 준비해야 한다.
먹거리	동해시 천곡동 일대에 맛집들이 많다.

솔숲 지나온 바람은 시로 태어나고

커피의 도시인 강릉에서 커피를 거를 수는 없다.
순포 해변의 솔숲에 앉아 커피를 마신다.
쉼 없는 파도와 솔숲으로 불어오는 바람을 맞으며 시를 써본다.
시의 내용보다 풀어놓는 마음이 좋을 뿐이다.

_ 신정섭

임을 만나 물 사이로 연 씨를 던지며 놀다
혹시 누가 보았을까 반나절이나 부끄러웠네

허난설헌의 〈채연곡〉이라는 시다. 경포호에 맴도는 그녀의 시는 짙은 연향이 되어 연밭 위로 피어오른다. 연꽃 사이로 고개를 내민 여물지 않은 연자를 쓰다듬어 본다. 안목 해변에서 시작된 곰솔 숲은 송정 해변과 강문 해변을 지나 경포 해변까지 이어진다. 해송이라 불리는 곰솔은 파도와 모래바람을 걸러주고 내륙의 소나무 숲은 사람들이 만든 문화를 품는다. 신사임당의 예술과 율곡의 학문을 키웠던 경포호는 가시연꽃이 복원되면서 생태관광의 거점으로 되살아나고 있다. 갈대가 우거진 순포습지에 들러 수라상에 올랐다는 순채를 만난다. 경포보다 사람이 적은 순포 해변은 곰솔 숲에 잠시 앉아 바닷바람을 마주하기 좋은 곳이다. 사천천 하구를 지나 물회 거리가 있는 사천진항에 다다른다.

허균·허난설헌 생가에 핀 상사화와 배롱나무

묻혀 있던 시간이 되살아나는 곳

남대천 하구를 가로지르는 솔바람다리를 건널 때 집라인을 타고 지나는 이의 환호가 잔잔한 여름 파도 위로 쏟아진다. 한번 타보고 싶은 마음도 있으나 선천적으로 높은 곳을 두려워하는 체질이다.

죽도봉을 돌아 강릉항을 지나니 카페들이 줄지어 서 있는 안목 해변 모래사장에 파도를 구경하는 연인들이 많다. 그들은 햇살이 따가워지면 카페로 들어가 시원한 아메리카노 한잔을 마시며 사소한 이야기나 혹은 진지한 미래에 관한 이야기들을 할 것이다. 길을 걷는 여행자에게는 가끔 웃음소리가 파도를 넘어 들려올 뿐이다.

해변이 많은 해파랑길은 여름이 되면 따가운 햇볕과 쏟아지는 땀으로 걷기가 힘들어진다. 하지만 해파랑길 39코스는 계절에 상관없이 걷는 이들이 넘치는 곳이다. 송정 해변에서 사천 해변까지 바다를 향해 일렬로 늘어선 곰솔 숲 덕분이다. 이 지역의 사람들은 모래가 섞인 바람과 해일의 피해를 줄이기 위해 모래밭에 곰솔을 심었고, 세월이 지난 지금은 운동을 위해 숲을 찾는 지역주민과 바다를 찾는 여행객의 발길이 끊이지 않는다.

강문 해변과 경포 해변을 가르는 경포천에 놓인 솟대다리는 조명을 설치해 놓아 야경이

경포 해변의 우거진 곰솔 숲은
지역주민과 여행자가 함께 즐거운 공유 공간이다.

커피 향 피어나는 솔숲에서 바라본 순포 해변

아름답다. 강문에는 진또배기거리가 있다. 노래로도 유명한 진또배기는 솟대의 다른 말로, 사람들은 진또배기를 보며 바닷길의 안전과 마을 주민의 평안을 빌었다. 솟대다리 옆 소나무 숲 아래 있는 서낭당 역시 솟대와 같은 역할을 하는 장소로 바닷가 마을 사람들의 일상을 살펴볼 수 있는 곳이다.

맑은 날 경포호수광장에서 보는 노을은 난설헌의 시처럼 아름답다. 그녀의 생가터에 세워진 허균허난설헌기념공원에 들러 하늘을 찌르는 소나무 숲길을 걷는다. 이럴 땐 시 한 편이 절로 나올 것만 같다. 경포호 옆의 경포가시연습지에는 수질이 악화한 경포호의 복원 과정에서 오랜 기간 땅속에 묻혀 있던 가시연꽃 종자가 다시 발아해 군락을 이루고 있다. 이 지역에서는 가시연꽃의 복원을 주제로 생태관광을 시작해 환경부에서 실시하는 생태관광지역으로 지정되었다.

2023년 경포호 일대는 큰 산불이 발생해 소나무와 집들이 타버리는 피해를 입었다. 다행히 많은 이들의 노력으로 경포대는 불타지 않았지만, 근처의 정자와 소나무 숲, 펜션은 불길을 피하지 못했다. 소나무가 울창했던 산은 붉은 속살을 내놓고 있다. 하지만 이 상처도 아물 것이고, 흙이 품고 있는 종자들은 다시 숲을 우거지게 할 것이다. 길은 우리에게 상처의 아픔과 회복에 대한 희망을 함께 보여준다.

커피에 솔향 타서 시 한 편을 마신다

사근진 해변과 순긋 해변을 지나는 길가에 꽃밭을 새로 조성하였다. 올봄에는 유채를 심어 경관을 조성하였지만, 유기질이 부족한 사구에 심은 유채는 잘 자라지 못한 모습이었다. 이곳에 사구에서 자라는 식물들을 심어 강릉만의 새로운 경관을 조성했다면 어땠을까 싶다. 지금도 늦지 않았다. 순포습지는 멸종위기식물인 순채가 자라는 곳이다. 코스를 약간 돌아갈 용기가 있다면 조용한 습지 산책길에서 순채를 가까이 볼 수 있다. 이 습지의 순채 복원도 여러 차례 시도가 되었는데 실패를 통해 좋은 경험을 얻게 되었나 보다. 지금은 어느 정도 안정된 순채 군락이 자라고 있다.

커피의 도시인 강릉에서 커피를 거를 수는 없다. 순포 해변의 솔숲에 앉아 커피를 마신다. 쉼 없는 파도와 솔숲으로 불어오는 바람을 맞으며 시를 써 본다. 시의 내용보다 풀어 놓는 마음이 좋을 뿐이다. 캠핑하는 이들이 많은 사천 해변의 숲길을 지나 물회 거리가 있는 사천진항으로 들어선다. 물회에 따뜻한 미역국 한 사발이 오늘 점심이다.

바람도 가라앉는 순포습지에서 순채를 찾아 거닐어 본다.

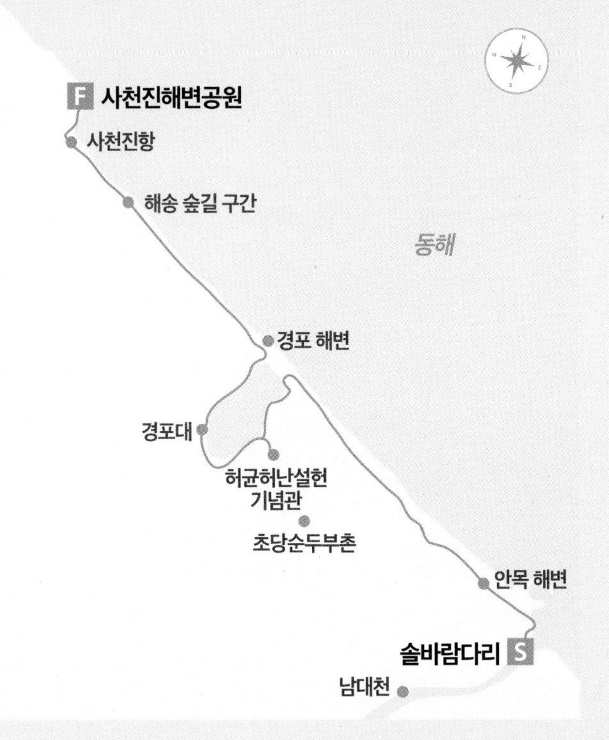

코스	강릉 솔바람다리 → 안목 해변 → 허균허난설헌기념공원 → 경포대 → 사천진항 → 사천진해변공원
거리	15.8km
시간	5시간 30분
난이도	쉬움
교통	**시점** : 강릉시외버스터미널에서 227번 버스 이용, 남항진해변 하차 도보 500m **종점** : 강릉시외버스터미널에서 314번·302번 버스 이용, 사천면사무소 하차 도보 500m
참고	순포습지는 입구와 바닷가 곰솔 밭을 짧게 돌아볼 수 있으며, 소나무 숲을 지나 갈대밭을 도는 코스는 시간이 꽤 소요된다.
먹거리	강문 해변, 경포 해변, 사천진 해변 주변으로 특색 있는 먹거리들을 맛볼 수 있다. 경포의 순두부, 사천진의 물회 등 지역을 대표하는 맛집들도 있다.

한 번쯤 파도 위에 서 보고 싶다

이제 막 파도타기를 배우는 젊음의 열기가 부서지는 파도처럼 반짝이고,
이들이 엮어내는 바다의 이야기는 동해를 더욱 깊고 푸르게 만든다.
바다는 파도를 찾아오는 청춘들의 웃음소리로 채워진다.
_ 신정섭

"너도 느끼잖아. 이게 내 길이야."

키아누 리브스가 열연한 영화 〈포인트 브레이크〉를 리메이크한 2016년 작품에서 주인공 보디는 높은 파도를 타는 마지막 모험을 앞두고 자신이 가야 할 길을 이야기한다. 영화처럼 여름 동해는 거칠지 않고 이제 막 파도타기를 배우는 이들이 더 많은 바다지만 젊음의 열기와 정열은 바위에 부딪쳐 부서지는 파도처럼 반짝이고, 이들이 엮어내는 바다 이야기는 동해를 더욱 깊고 푸르게 만든다.

평소 뜨거운 차를 즐기지만, 해파랑길 42코스를 걸을 땐 차가운 아이스 아메리카노 한잔이 간절해진다. 죽도, 몽산포, 동산, 복분리, 잔교, 기사문 해변으로 이어지는 바다는 파도를 찾아오는 청춘들의 웃음소리로 채워진다. 우리 역사의 중요한 마디가 되는 38선휴게소, 3·1만세운동유적비를 길 위에서 만나 잠시 발걸음을 멈추고 기록되지 못하고 사라졌을 젊은 영혼들의 이야기를 떠올려 본다.

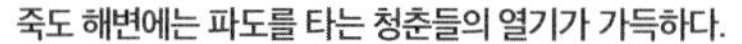

죽도 해변에는 파도를 타는 청춘들의 열기가 가득하다.

동산항 바위. 상처가 아름다움으로 되살아난다.

파도에 집중해야 할 때

어깨너머로 죽도가 보이는 야영장 옆에서 해파랑길 42코스를 출발한다. 바다에는 서프보드에 의지해 파도를 타는 서퍼들이 해변을 달군다. 대나무가 자라 죽도라 이름 붙인 섬은 이제 솔숲이 되어 있다. 과거엔 바닷가에서 일광욕하거나 수영을 하는 것이 주였으나 이제는 바닷속으로 들어가 파도를 타는 이들이나 캠핑카에 텐트를 치고 바다를 즐기는 이들이 더 많다. 세월의 변화에 따라 여행의 모습도 바뀌게 마련이다. 이제는 원하는 곳에서 일하면서 휴가를 즐길 수 있는 워케이션이 인기인데, 죽도 해변에도 워케이션센터가 있어 저렴한 비용으로 음료와 차를 마실 수 있고 사무공간도 제공한다.

동산항의 바다 가운데에는 동글동글한 바위들이 섬처럼 박혀 있다. 동산항을 만들 때 바다에 있는 암초들을 다 제거하지 못했는데 걸리적거리는 이 암초들이 이제는 동산항만의 독특한 풍경을 만든다. 복분리마을을 지나면 동해대로 안쪽으로 소나무 숲길이 이어진다. 길 건너 잔교 해변의 해난어업인위령탑, 어린이교통공원, 경찰전적비 등을 멀찍이 바라본다. 바다 쪽으로 다가가고 싶어도 아직은 통행로가 없어 지나치며 보는 것으로 만족해야 한다.

탱크 저지 시설 위에 놓인 육교를 건너 38선휴게소에 도착한다. 예전엔 시외버스나 관광버스를 타고 영동고속도로를 이용해 설악산이나 속초에 가려면 꼭 들르던 휴게소였다. 오랜 이동 시간에 지친 사람들은 버스에서 내려 화장실을 다녀오고 감자나 옥수수를 사 먹으며 기사문 해변으로 밀려오는 파도에 감탄했었다. 고속도로의 개통과 이동수단의 증가로 예전처럼 붐비지는 않지만, 아직도 주말이나 여름이면 이곳을 찾는 차량들이 많다. 휴게소 건너편으로 보이는 기사문 해수욕장도 서핑을 즐기는 젊은이들로 낮과 밤 모두 활기차다. 전쟁의 위기가 가득하던 38선을 이제는 서핑 문화가 파도를 넘듯 넘어서고 있다.

애국가에 등장하는 바로 그 소나무

기사문항을 지나 만세고개를 넘으니 현북면이다. 광정천 하구에 형성된 이 작은 마을엔 의외로 들러볼 만한 맛집들이 숨어 있다. 음식의 맛이야 먹는 사람의 입맛에 따라 다르니 추천은 조심스럽다. 설핏 보이는 하조대 바다를 멀리 바라보며 조준길이라 이름 붙은 한적한 길을 걷는다. 조준은 조선의 개국 공신 중 한 명으로 태종 이방원을 왕으로 옹립하는 데 이바지하기도 한 인물이다.

하조대는 같은 개국 공신인 하륜과 조준이 이곳에 숨어 지냈다는 이야기와 노년에 이곳에서 지내며 산천을 유람했다는 두 가지 이야기에 근거한다. 어느 이야기가 진실이던 간에 지금까지 하조대라는 명칭이 전해 오는 것을 보면 그들이 이 지역에서 큰 영향력을 가진 인물들이었다는 사실은 자명한 듯하다. 여유로운 마음으로 자연을 감상했을 두 사람의 입장이 되어 길을 걸어본다.

하조대로 오르는 언덕길은 굵은 소나무들이 울창한 숲을 이루고 있다. 발길을 옮길 때마다 절벽 바위에 부딪치는 파도 소리와 소나무 숲이 어우러져 등에 밴 땀을 씻어주는 느낌이다. 1968년에 다시 지어진 정자 앞 바위 위에는 숙종 때 인물인 하조대 전망대에서 하조대 해변으로 밀려드는 파도를 감상한다.

이세근이 쓴 하조대 세 글자가 선명하게 새겨져 있다. 사람도 정자도 세월이 지나면 사라지거나 부서지는데 바위에 새겨진 이름은 변함이 없다.

하조대 정자 앞에서 바다를 바라보면 애국가에 나왔던 소나무 보호수가 바위 위에 서 있다. 이곳을 찾는 관광객들에게 가장 인기 있는 나무다. 하조대 옆에는 뿌리가 서로 붙은 연리근 소나무가 두 그루 있는데 조준과 하륜의 우정도 그러했을까 궁금해진다. 하얗게 칠해진 기사문 등대에 서니 건너편 가파른 절벽 위에 서 있는 애국가 소나무가 절경으로 보인다. 길을 돌아 나와 하조대 전망대로 간다. 군부대휴양소 옆에 있는 데크길이 닫혀 있어 투덜거리며 하조대 해변 입구로 돌아갔지만 하얀 거품을 일으키며 해변으로 밀려오는 파도 풍경에 불만은 눈이 녹듯 사라진다.

하조대 앞 벼랑 위에 우뚝 서 있는 애국가 소나무

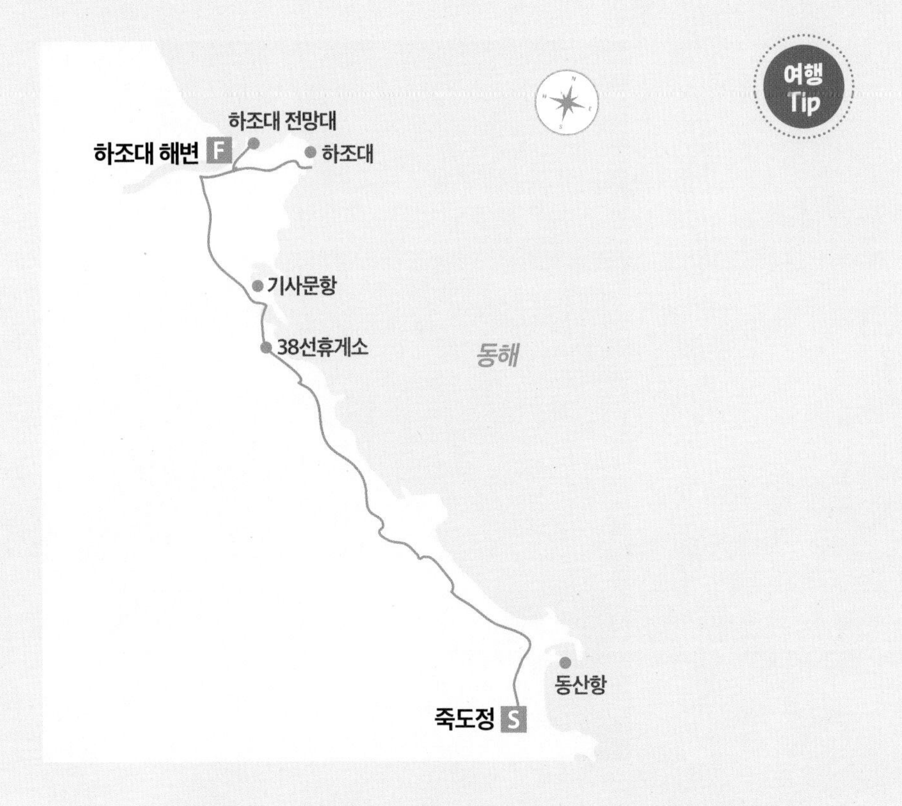

코스	양양 죽도정 → 38선휴게소 → 하조대 → 하조대 전망대 → 하조대 해변
거리	9.7km
시간	4시간
난이도	쉬움
교통	**시점** : 하조대터미널에서 12번 버스 이용, 죽도해수욕장 하차 도보 500m **종점** : 하조대터미널에서 도보 약 1.4km
주의	군부대휴양소에서 하조대 전망대로 가는 데크길은 출입이 통제되는 경우가 종종 있다.
먹거리	현북면과 하조대 해수욕장 인근 지역주민들이 이용하는 음식점들이 매력적이다.

삶과 길이 하나인 곳에서

속초는 어느 곳에서도 조금만 방향을 틀면 설악산을 볼 수 있는 도시다.
산과 바다가 어우러진 곳에 자리 잡은 이 도시는 역사뿐만 아니라
먹거리, 생활 등 다양한 형태의 문화로 걷는 이들에게 색다른 묘미를 안겨준다.
_ 신정섭

우리는 사람 냄새 나는
사람이 사는 시대를 살고 있다

운전하다 보면 자주 듣게 되는 라디오 방송 프로그램 중의 하나가 양희은 님이 진행하는 〈여성시대〉다. 25년이라는 오랜 시간 동안 이 프로그램을 진행해 온 그녀의 목소리는 높은 산처럼 맑고 힘이 있다. 설악산이 가까이 있어서일까. 〈한계령〉이라는 노래가 걷는 내내 귓전에서 맴돌았다.

속초는 어느 곳에서도 조금만 방향을 틀면 설악산을 볼 수 있는 도시다. 산과 바다가 어우러진 곳에 자리 잡은 이 도시는 역사뿐만 아니라 먹거리, 생활 등 다양한 형태의 문화로 걷는 이들에게 색다른 묘미를 안겨준다. 대포항에서 과거의 작은 포구를 회상하고, 아바이마을을 지나며 정든 고향에 대한 그리움을 공감하려 애써본다. 영랑호 호숫길을 따라 천천히 걸으며 살아남아 버티는 생명들과 인사를 나눈다.

웅장한 파도가 거문고 소리를 닮아

햇빛이 가득한 설악 해맞이공원에서 눈에 익은 조각들을 감상하며 해파랑길 45코스를 시작한다. 인어연인상이 저기 보이고 갯메꽃이 뜨거운 자갈을 타고 넘으면서도 기필코 꽃을 피워내는 해변에 앉아 몽돌 소리를 듣는다. 이곳의 몽돌들은 잘 익은 호박만 한 크기여서 파도가 밀려왔다 빠져나갈 때 나는 소리도 굵직하다.

횟집이 늘어서 있는 대포항을 지나 도착한 외옹치 바다향기로 입구엔 왕대가 숲을 이루고 있다. 속초 해변의 아래쪽에 토끼 꼬리처럼 튀어나온 이 길은 바다와 가까이 붙은 데크길 덕에 바다가 더 실감나게 느껴진다. 우거진 대숲길을 잠깐 지나면 성난 파도가 데크를 넘어와 시비 붙는 모습을 볼 수 있다. 모퉁이를 돌아서니 하얀 파도 너머로 속초 해변의 끝자락에서 천천히 돌아가는 대관람차가 보인다. 속초아이는 이제 새로운 속초의 명물이다.

모래가 쌓여 형성되는 사주로 바다와 격리되면서 형성된 석호 중 하나인 청초

설악항 인어연인상. 파도 속에서도 흔들리지 않는 사랑을 본다.

호의 동쪽엔 청호동이 자리를 잡고 있는데 아바이마을로 더 유명하다. 속초 해변의 파도 침식을 막으려 쌓은 트라이포드를 바라보며 걷는 길이 지루해질 때쯤 아바이마을 골목으로 들어선다. 아버지의 함경도 사투리인 아바이라는 말을 쓴 것은 함경도 실향민들이 많이 살고 있다는 이야기이기도 하다. 6·25전쟁이 발발한 지 70년이 넘었으니 지금 남아있는 실향민 대부분은 그 당시 기억이 얼마 남아있지 않을 어린이였을 것이다. 시간이 지나면서 그때 사람들은 잊히고 새로운 세대가 이 지역의 구성원이 되었지만, 과거 이곳에서 유명했던 음식들은 아직도 이 지역의 명물이 되어 여행객을 맞이하고 있다. 식당에 들러 오징어순대와 막국수를 먹으며 그 시절을 살았던 이들의 삶을 살짝 엿본다. 막국수의 매콤한 맛이 올라온다. 갯배를 타고 청초호를 건너 지역주민보다 관광객이 더 많은 중앙시장에 들러 닭강정, 대게 등 널리 알려진 먹거리 구경을 한다.

속초항을 따라 대로를 걷는 길은 덥고 불편하지만 영금정에 이르러 널찍한 바위들에 부서지는 파도를 보면서 기운을 되찾는다. 원래 영금정은 정자가 아닌 파도가 바위에 부딪칠 때 나는 소리가 거문고 소리 같다고 하여 붙여진 이름이다. 속초항 건설로 소리를 잃었다고 하지만 파도가 높은 겨울철에는 아직도 웅장한 파도 소리가 거문고 소리처럼 들린다.

화랑이 머물던 곳에서 귀한 꽃을 만나다

해파랑길과 같은 장거리 탐방로를 걸을 때 싫은 것 중 하나가 돌아가는 것이다. 걷는 시간이 오래 걸릴 뿐만 아니라 긴 시간 걸어 체력이 달리는 길 위에서는 가능한 짧은 길을 걷고 싶기 때문이다. 영랑호가 바다와 만나는 곳에 놓인 사진교나 영랑교에 이르면 그냥 다리를 건너가 영랑호를 지나치고 싶은 생각이 굴뚝같이 솟는다. 그래도 마음을 추슬러 곰솔과 개잎갈나무가 가로수로 서 있는 영랑호 산책로를 따라 걷다 보면 그 옛날 화랑이었던 영랑이 왜 이곳에 반했는지 이해하게 된다.

속초팔경에 들어가는 범바위를 지나면 멀리 울산바위가 아름답게 펼쳐지는 곳

장사항. 파도도 항구에 들러 잠시 쉬어 가는 시간이다.

영랑호의 정향풀 군락

에 정향풀이 군락을 이루고 있다. 항산화, 항염증, 혈압강하, 혈당조절 등 다양한 약효가 있는 이 풀은 보라색 꽃이 눈에 띄는 식물인데 약효가 좋다고 함부로 채취해서는 안 되는 멸종위기식물이다. 지금은 야생화에 빠진 이들이 사진을 찍기 위해 영랑호 주변의 정향풀 서식지를 많이 찾고 있지만 아직도 일반인들은 쉽게 알아보기 힘들다. 앞으로 환경부에서 영랑호 습지생태공원 주변에 정향풀을 복원할 예정이라니 영랑호 탐방로 주변에서 귀한 풀과 마주할 날도 머지않았다.

화랑들이 걸었을 호숫가 길을 따라 걷는 호수의 북쪽에는 불에 탄 집들이 서 있다. 2019년 고성·속초 산불이 났을 때 화마를 피하지 못한 집들이다. 불이 난 지 5년이 지났건만 복원되지 못한 채 흉물이 되어가고 있다. 영랑호가 끝나갈 즈음 건물 틈에 끼어 있는 돌을 볼 수 있는데 건물을 지을 때부터 이 돌의 원형을 훼손하지 않으려 신경을 쓴 것이다. 이 바위를 토르(Tor)라고 하며, 한 지역에서 바위가 풍화될 때 기반암에서 떨어진 바위가 모서리 부분이 먼저 풍화되고 단단한 암석이 풍화되지 않고 남아 있는 것을 말한다. 토르가 풍화와 침식을 거치면서 동그랗게 된 것을 핵석(Core Stone)이라고 한다. 범바위 위에 있는 공깃돌처럼 생긴 바위도 핵석이다. 영랑호를 벗어나 장사항 바다숲공원을 따라 걷다 보면 장사항의 한쪽에 해파랑길 46코스 안내판이 나타난다.

영랑호 핵석. 개발의 이익보다 자연의 보전을 중요하게 생각하는 사람들의 마음이 아름답다.

영금정과 주변의 바위. 지금은 거문고 소리를 들을 수 없다지만 영금정 주변에 서면 거문고 소리가 들리는 것 같다.

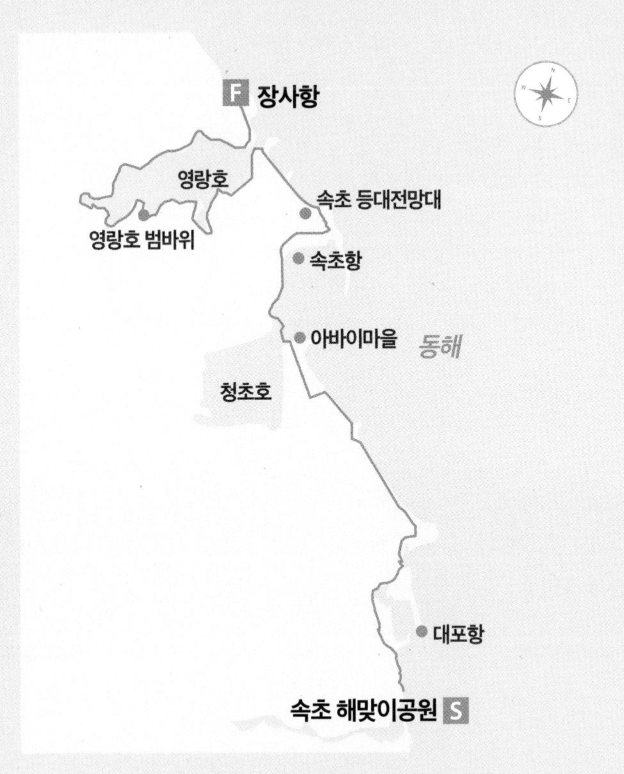

코스	속초 해맞이공원 → 아바이마을 → 속초 등대전망대 → 영랑호 범바위 → 장사항
거리	17.6km
시간	6시간
난이도	쉬움
교통	**시점** : 속초시외버스터미널에서 도보 300m 이동 후 수복탑 정류장에서 7번·9번·9-1번 버스 이용, 설악산입구 하차 **종점** : 속초시외버스터미널에서 도보 300m 이동 후 수복탑 정류장에서 1번·7번·9번 버스 이용, 장사항 하차
먹거리	아바이마을, 중앙시장, 동명항, 장사항 등에 카페와 음식점들이 있다.

해파랑길 49코스 | 고성 거진항 ~ 통일안보공원

푸른 꿈이 뭉게뭉게 가슴 적시면

화진포에서 선사시대 흔적을 찾고 근세의 전쟁을 되새겨 본다.
울창한 소나무 숲은 대지에 남은 상흔을 지우고, 다시 젊은이들이 찾아오는 바다가 되었다.
은물결 반짝이는 바닷가에서 사랑이 뭉게뭉게 피어나는 길을 걷는다.

_ 신정섭

아버지가 취해 들어오신 다음날이면
밥상에는 살 노란 북엇국이 올라왔다

양명문의 시에 변훈이 곡을 붙이고 오현명이 노래한 〈명태〉는 값싸고 쉽게 구할 수 있어 가난한 시인의 술안주로 애용되던 생선이다. 1980년대까지 한 해 2만 톤 정도가 잡히던 명태는 이제 우리 바다에서 찾아볼 수 없다. 휴전선이 점점 가까워지는 동해 북단을 걷는 해파랑길 49코스는 잊혀지는 것들을 되살리며 가는 길이다. 화진포에서 멀게는 선사시대의 흔적을 읽고 근세의 전쟁을 되새겨 본다.

화진포의 울창한 소나무 숲은 대지에 남은 상흔을 지우고, 다시 젊은이들이 찾아오는 바다가 되고 있다. 1966년 이씨스터즈는 〈화진포에서 맺은 사랑〉에서 화진포를 그립고 정다운 바닷가라 노래한다. 은물결이 반짝이는 바닷가에서 사랑의 언약을 새기고 모래성을 쌓아 놓고 손가락 거는 20세기의 사랑이 뭉게뭉게 피어나는 길을 걷는다.

정성으로 쌓아 가는 길

거진항의 수산물 판매장 입구에서 해파랑길 49코스를 시작한다. 길의 시작점에 있는 데크 계단을 오르면 거진항이 한눈에 들어온다. 오래된 소나무 고목이 서 있는 이곳엔 서낭당이 있다. 고기잡이 나간 남편을 기다리다 죽은 젊은 아내의 초상화를 용왕과

화진포 해변. 이씨스터즈의 <화진포에서 맺은 사랑>이 갈매기처럼 떠다닌다.

초도항과 금구도. 한때 성게로 유명했던 초도항은 닫혀 있고 항 너머 금구도엔 이대만 가득하다.

함께 모신 이 서낭당에서는 음력 3월이면 만선과 무사고를 비는 서낭제를 지내고 3년에 한 번씩 풍어제를 지낸다고 한다. 오늘도 뱃사람들은 사라진 명태 대신 다른 물고기들을 만나러 바다로 나간다.

거진항의 마을을 바라보며 울창한 소나무 숲을 지나면 산길에 놓인 조각품들이 해맞이봉까지 이어진다. 다양한 조각들 틈에 작은 돌들을 쌓아 만든 돌탑이 더 눈에 들어오는 건 길을 걸으며 돌을 쌓은 여러 사람의 마음이 함께 느껴지기 때문이다. 봉우리의 모습이 매의 형상을 닮았다고 해서 이름을 붙여진 응봉으로 오르는 산길에 누군가 나지막한 돌탑을 가로수처럼 일정한 간격을 두고 쌓아 놓았다. 처음에는 걷기여행자들이 하나둘 쌓은 거려니 했는데 그 길이가 길고 일정한 방식으로 쌓은 모양이 정성과 비용이 들어간 듯 느껴진다.

탑과 함께 길가에서 꽃을 피운 노루발풀, 둥굴레 등 야생화를 보며 걷다 보니 어느새 응봉이다. 응봉에서는 화진포 호수와 화진포 해변이 이루는 아름다운 경관에 감탄사가 저절로 나온다. 이곳에서는 날이 맑으면 휴전선 북쪽의 구선봉까지 보인다.

김일성 별장과 이승만 별장, 화진포

굵은 소나무들이 짙은 숲 그늘을 만드는 산길을 내려오면 호박만 한 자갈을 쌓아 벽을 두른 화진포의 성에 이른다. 별장으로 가는 계단의 콘크리트 벽에 붙은 김정일이 어렸을 때 이곳에 와서 찍은 사진이 눈길을 끈다. '김일성 별장'이라고도 부른다.

원래 이 별장은 1937년 일본이 원산에 있던 기독교 선교사의 휴양촌을 비행장 부지로 사용하는 대가로 기독교선교회 측에 제공한 땅이었다. 캐나다인 선교사였던 셔우드 홀은 독일인 건축가 베버에게 별장을 의뢰했고 그는 유럽의 성이 연상되는 이 건물을 지었다. 김일성 별장의 아래쪽에 있는 이기붕 별장과 화진포 호수 맞은편의 이승만 전 대통령 별장은 이곳의 경관 가치를 말해준다.

화진포콘도 앞 소나무 숲에 있는 청동기시대 유적인 북방식 고인돌을 지나니

응봉에서 본 화진포. 호수와 해변이 마주 바라보고 있다.

숲 한쪽에 과거 선교사들이 이용한 것으로 보이는 돌과 콘크리트로 조성한 앙증맞은 골프연습장이 있다. 금구도가 앞에 있는 초도항으로 가는 길은 인도가 없어 걷기에 불편함이 있었는데 탐방로 설치 공사가 한창 진행 중이다. 거북이를 닮았다는 금구도는 광개토대왕의 무덤이라는 설이 있다. 섬의 한쪽은 이대 숲이 빽빽하게 들어서 있다.

높게 자란 아까시나무가 경비원처럼 서 있는 대진 등대로 올라가 돛 조형물로 된 전망대에서 북쪽으로 향하는 바다를 감상한다. 대진1리 해변을 걸어 이 코스의 종점인 통일전망대 출입신고소 쪽으로 향한다. 얼마 전까지 해변에 있던 철책들이 사라져 자유로움이 넘치지만 낡은 철책을 따라가며 휴전선에 가까워지는 긴장감을 느끼지 못하는 아쉬움이 크다.

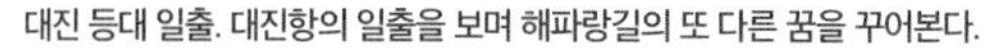
대진 등대 일출. 대진항의 일출을 보며 해파랑길의 또 다른 꿈을 꾸어본다.

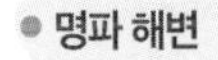

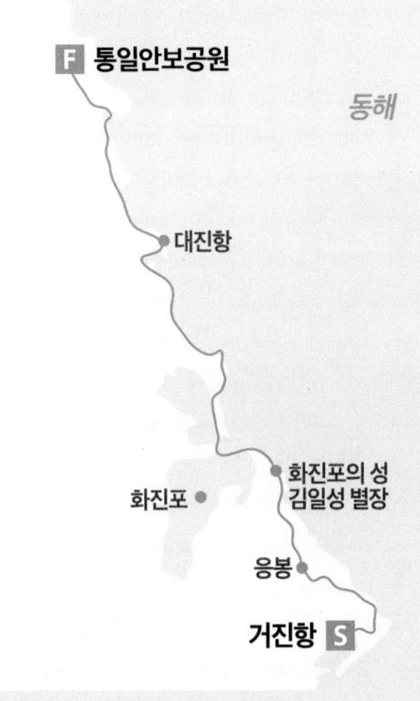

코스	고성 거진항 → 응봉 → 김일성 별장 → 대진항 → 통일안보공원
거리	12.3km
시간	4시간 30분
난이도	보통
교통	**시점** : 거진종합버스터미널에서 도보 약 1.4km **종점** : 대진시외버스종합터미널에서 1번·1-1번·1-2번 버스 이용, 안보교육관 하차
주의	먹을 곳을 찾기 어려운 산길이 포함되어 있어 거진항에서 식사하는 것이 좋다. 간단한 간식과 물을 충분히 준비하도록 한다.
먹거리	거진항, 대진항 주변에 식당이 있다.

남쪽 쪽빛 바다와 함께 걷는

남파랑길

- 한려해상 국립공원이 보여주는 해안 경관이 아름다운 길
- 다양한 축제와 순례 문화 등 남도 문화가 파노라마처럼 펼쳐지는 회랑길
- 사람, 도시, 섬·갯벌이 함께하는 공존의 길

추천 명품 코스

8코스 창원
20코스 거제
29코스 통영
33코스 고성
42코스 남해
48코스 광양
55코스 여수
63코스 보성
66코스 고흥
78코스 장흥
83코스 강진
88코스 완도
90코스 해남

이토록 어여쁜 도시와 사랑에 빠지다

벚꽃의 도시 진해를 보고 또 보고, 돌아서 한 번 더 굽어본다.
푸른 바다가 내려다보이는 울창한 숲길을 걸으니 피톤치드 향이 그윽하다.
고갯길 군데군데 아기자기 섬과 진해항을 오가는 배들이 이국적 풍경을 자아낸다.
_ 권다현

상리마을 너머
푸른 바다가 비친다.

화사한 봄, 흐드러진 벚꽃 하면 가장 먼저 떠오르는 도시 창원 진해구다. 남파랑길 8코스는 이런 진해를 보고 또 보고, 돌아서 한 번 더 굽어본다. 푸른 바다가 내려다보이는 상리마을을 출발해 웅산 자락에 들어앉은 오붓한 암자를 지나면 울창한 숲길이 내내 이어진다. 여좌천 못지않은 벚꽃 명소로 꼽히는 안민고개를 따라 느긋하게 걷다 피톤치드 향기 그윽한 삼림욕장에 이르면, 이토록 어여쁜 도시와 사랑에 빠지지 않고선 못 견딘다.

계절 따라 다채로운 숲길

남파랑길 8코스 안내판 외에는 특별할 것 없는 풍경의 상리마을. 그러나 문득 걸음을 멈추고 뒤돌아보니 나지막한 지붕 너머로 하늘빛 바다가 아스라하다. 맑은 날에는 아기자기 푸른 섬과 진해항을 오가는 배들이 이국적인 풍경을 빚어낸다. 도로를 건너 웅산 자락에 접어드니 방금까지 시끄럽게 귀를 울리던 도시 소음이 거짓말처럼 사라진다. 가장 높은 봉우리에 자리한 바위가 마치 하늘을 향해 포효하는 곰을 닮았다 하여 이름 붙은 웅산(熊山)은 명성황후가 세자 순종의 무병장수를 비는 백일제를 올릴 만큼 오랜 세월 신성한 산으로 여겨졌다.

완만했던 숲길이 잠시 가팔라졌다 싶으면 천자암이 멀지 않았다는 의미다. 비

천자암 경내에서 상리마을 일대가 한눈에 들어온다.

질푸른 숲과 화려한 산신각 단청이 그림처럼 어우러진다.

안민고개에서 내려다보이는 진해가 사랑스럽다.

탈진 입구 때문에 암자에 들어서기 전까지 그 규모를 가늠하기 어려운데, 막상 앞마당에 오르니 높다란 축대가 위엄찬 모습이다. 웅장한 돌계단 끝에는 극락보전이, 그 옆으로는 화려한 단청과 꽃살문을 자랑하는 산신각이 자리한다. 흔히 극락보전은 아미타불을 중심으로 좌우에 관세음보살, 대세지보살을 모시는데 천자암은 오른쪽에 지장보살을 봉안했다. 산 자와 죽은 자, 모든 중생을 깨달음으로 이끄는 지장보살을 추앙하는 지장신앙의 영향이다. 극락보전을 등지고 서면 멀리 진해만이 한눈에 펼쳐진다. 탁 트인 풍광 앞에 잠깐의 언덕길도 그저 고맙게 여겨진다. 산신각 아래로 내려가는 길에는 한여름 보랏빛을 듬뿍 품은 맥문동이 소담스럽다.

안민고개에서 즐기는 로맨틱 진해

웅산 서쪽 자락은 안민고개를 지나 장복산으로 이어진다. 안민(安民)이란 지명에는 여러 이야기가 전하는데, 임진왜란 당시 왜군이 이 고개를 넘지 못하도록 결사적으로 방어하여 백성을 편안케 했다는 이야기가 대표적이다. 그러나 임진왜란 이전에 쓰인 기록에도 같은 지명이 등장하는 것으로 미루어 그보다 오래 안민고개로 불렸을 것으로 추측된다. 주민들 사이에선 만날재라는 이름이 더 익숙하다. 과거 진해에서 창원으로 시집간 부녀자들이 명절 사흘째 되는 날에 여기 고갯마루에서 그리운 가족을 만난 데서 유래했다.

이름만큼이나 다양한 사연을 품은 안민고개는 매년 봄이면 여좌천 못지않은 벚꽃 명소로 사랑받는다. 도로 양쪽으로 늘어선 벚나무가 만들어내는 환상적인 벚꽃터널이 무려 6km 가까이 이어지기 때문. 뿐만 아니다. 고갯길 군데군데서 진해 시내와 진해만을 눈에 담을 수 있고 웅산과 시루봉, 천자봉 같은 산줄기가 장쾌한 절경을 뽐낸다. 일출과 일몰이 아름다운 것은 물론, 여기서 내려다보이는 야경도 눈부시다. 주민들이 아침저녁 빈번히 안민고개에 올라 산책을 즐기는 이유다. 여행자의 눈에도 어여쁜 풍경을 카메라에 담으려니 마침 지나던 어르신 한 분이 장난스레 손가락으로 브이(V) 자를 그린다. 그 천진한 여유에 함께 웃음이 번진다.

장복산 하늘마루길 표지를 따라 오른쪽으로 방향을 바꿨다. 삼한시대 장복이란 장군이 말타기와 무예를 익히던 곳이라 하여 이름 붙은 장복산은 유려한 능선과 빼어난 전망 때문에 등산객들이 즐겨 찾는다. 남파랑길 8코스는 장복산 허리를 둘러 걷는데, 하늘마루에 이르면 에메랄드빛 진해만을 온전히 감상할 수 있다. '오래 보아야 아름답다', '내 힘들다, 거꾸로 읽어보세요' 등 눈과 마음을 위로하는 글귀를 따라 걷다 보면 어느샌가 코끝에 피톤치드 향이 그윽하다. 장복산 임도 편백 산림욕장에 접어든 것. 하늘이 보이지 않을 만큼 빽빽한 편백 숲은 내내 숲길을 걸어왔음에도 유난히 상쾌한 공기와 바람을 선사한다. 편백 숲 끝자락에는 조각공원이 자리한다. 한때 폭우로 인한 산사태로 폐허가 된 것을 시민들 손으로 다시 일으켜 지금에 이르렀다. 그 애틋한 사연을 알고 나니 나무 한 그루, 조각상 하나까지 애정 어린 시선이 가 닿는다. 그새 이 도시와 사랑에 빠진 모양이다.

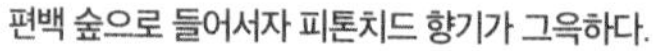
편백 숲으로 들어서자 피톤치드 향기가 그윽하다.

코스	창원 장천동 상리마을 입구 → 천자암 → 안민고개 → 하늘마루 → 진해드림로드 입구
거리	15.7km
시간	6시간 30분
난이도	어려움
교통	**시점** : 진해시외버스터미널에서 303번 버스 이용, 상리마을 하차 **종점** : 마산고속버스터미널에서 703번 버스 이용, 마산합포구청·의료원 하차
주의	코스 내에 임도가 많아 걷기 편한 운동화와 물, 간식을 미리 준비하길 추천한다. 여름에는 기피제 필수
볼거리	천자암과 청룡사, 안민고개 등 창원 시내를 조망할 수 있는 포인트가 많다. 매년 봄이면 안민고개 전체가 연분홍 벚꽃으로 물든다.
먹거리	바다 향 가득 품은 아구찜, 인심 넉넉한 칼국수
편의시설	안민휴게소

그리운 이에게
연애편지 쓰고 싶은 풍경

바닷가 앞 장승포 우체국은 정호승의 시 〈포옹〉에 등장한다.
시에서 장승포는 고깃배들끼리 연애편지를 부치고 승선권 대신 연애편지를 내미는 낭만적인 공간으로 그려진다. 문득 그리운 이에게 연애편지를 쓰고 싶어진다.
_ 권다현

능포항은 고급 식재료인 보리새우 산지로 유명하다.

거제는 제주 다음으로 큰 섬이다. 그러나 1970년대에 이미 육지와 연결된 탓에 거제를 여행하며 섬을 떠올리기란 쉽지 않다. 남파랑길 20코스는 장승포시외버스터미널에서 출발해 보리새우로 유명한 능포항을 지난다. 아찔한 절벽에 위태롭게 선 양지암 등대와 투명한 물빛을 발아래 두고 걷는 옥화마을 무지개바다윗길을 거쳐 한려해상의 크고 작은 섬들로 떠나는 장승포와 지세포를 아우른다. 걷는 내내 섬 특유의 다채로운 바닷길과 오밀조밀한 마을 풍경이 쉴 새 없이 펼쳐진 덕분일까. 길이 끝날 무렵 문득 깨닫는다. 여기, 그리운 바다 위에 떠 있는 가장 고운 섬이다.

갓 잡아 올린 싱싱한 보리새우의 맛

장승포시외버스터미널에서 시작된 길은 금세 능포로 접어든다. 여행자들에겐 다소 낯선 이름이지만 일명 '오도리'로 불리는 보리새우 어장으로 유명한 지역이다. 꼬리가 누렇게 익은 보리 색깔이라고 해서 이름 붙은 보리새우는 미식가들 사이에서 독도새우 못지않은 고급 식재료로 꼽힌다. 새우 중에서는 덩치도 크고 쫄깃한 식감과 진한 단맛이 빼어나기 때문. 보리새우는 6월부터 9월까지 제철인데, 이 무렵에는 능포항 곳곳에서 갓 잡아 올린 싱싱한 보리새우를 맛볼 수 있다. 방파제 쪽에는 낚시공원도 자리해 색다른 체험을 즐길 수 있다.

능포의 또 다른 자랑은 양지암 등대와 조각공원이다. 거제 가장 동쪽, 장승반도 끝자락에 자리한 양지암은 해를 가장 먼저 볼 수 있는 곳이라 하여 붙은 이름이다. 이 아찔한 절벽 위에 1985년 무인 등대가 세워졌다. 옥포항을 오가는 선박들에 바닷길을 알리는 목적이었는데, 세월의 거센 파도에도 묵묵히 제자리를 지키며 능포의 상징으로 떠올랐다.

양지암 조각공원은 유명 작가들의 작품 40여 점이 하늘과 바람, 바다를 배경으로 자리한다. 그리 큰 규모는 아니지만 어디서든 하늘과 맞닿은 바다를 눈에 담을

양지암 조각공원은 곳곳에서 탁월한 해안 절경을 눈에 담을 수 있다.

물 맑기로 유명한 옥화마을에 해상 데크가 놓였다.

바닷가에 자리한 장승포 우체국은 정호승의 시에 등장했다.

수 있고, 봄이면 튤립이 만발해 이국적인 풍광을 즐기기 좋다. 공원으로 오르는 울창한 숲길은 여름이면 시원한 그늘이, 가을에는 울긋불긋 단풍이 주민들을 맞는다.

붉디붉은 동백을 품은 바닷길

이제 남파랑길 20코스는 장승포항으로 이어진다. 구한말 일본인 어부들이 가장 먼저 자리 잡았다는 장승포항에는 우정국 개국보다 빠른 1876년, 이리사무라 우편소가 설치됐다. 거제도 최초의 우체국이었던 이리사무라 우편소는 해방 후 장승포 우체국으로 이름이 바뀌었고, 바닷가 앞에 자리한 이 우체국은 정호승의 시 〈포옹〉에도 등장한다. 시에서 장승포는 고깃배들끼리 연애편지를 부치고 승선권 대신 연애편지를 내미는 낭만적인 공간으로 그려진다. 이곳 장승포에서는 거제를 대표하는 섬인 외도와 지심도로 향하는 유람선이 들고나는데, 그 사랑스러운 섬들을 떠올리면 승선권 대신 연애편지를 내민다는 표현이 절로 공감된다.

요즘 장승포는 낮보다 밤이 더 아름답다. 저녁부터 영업을 시작하는 포차거리 때문이다. 밤바다를 배경으로 다양한 해산물 요리를 즐길 수 있는 붉은 포장마차가 동백꽃마냥 매일 밤 피었다 진다.

진짜 동백꽃을 따라 걷는 길도 있다. 예부터 물이 맑아 문어가 많이 잡히기로 유명했던 옥화마을이다. 한적했던 어촌이 여행자들로 북적이기 시작한 건 미술을 전공한 이장님이 마을 곳곳에 알록달록 벽화를 그리면서부터다. 투명한 물빛과 예쁜 그림이 어우러지며 거제의 새로운 명소로 떠올랐다. 덕분에 무지개바다윗길이란 이름의 해상 데크도 설치됐는데, 그 입구가 온통 동백 숲이다. 이른 봄 옥화마을로 들어서는 남파랑길은 후두둑 떨어진 붉은 동백꽃 곁을 걷는다. 그리운 이에게 당장이라도 연애편지를 쓰고 싶은 풍경이다.

대형 리조트를 끼고 지세포로 접어들면 볼거리 즐길거리가 풍성해진다. 가장 먼저 만나는 돌고래 테마파크 거제씨월드는 흰돌고래, 즉 벨루가를 만날 수 있는 곳으로 인기다. 하루 3회 벨루가의 특징과 행동 습성을 설명하는 수중 생태 설명회도 열린다. 그 옆으로는 거제어촌민속전시관과 거제조선해양문화관이 자리한다. 이들 전시관은 한 장의 입장권으로 함께 관람 가능한데, 어촌민속전시관에서는 바다와 더불어 발전한 거제의 문화유적과 생활사를 다룬다. 조선해양문화관은 거제의 현대사를 뒤바꾼 우리나라 조선업의 역사를 알기 쉽게 정리했다. 지세포 앞바다가 한눈에 들어오는 전망대도 자리해 한려해상을 곁에 두고 걸었던 길의 마침표를 찍기에 더할 나위 없다.

거제조선해양문화관 전망대에선 지세포 앞바다가 한눈에 들어온다.

여행 Tip

코스	장승포시외버스터미널 → 능포항 → 지심도터미널 → 옥하선착장 → 거제어촌민속전시관
거리	18.3km
시간	6시간 30분
난이도	보통
교통	**시점** : 고현버스터미널에서 11번 버스 이용, 옥수동 하차 **종점** : 고현버스터미널에서 23번 버스 이용, 일운농협 하차
추천	양지암은 현지인들이 즐겨 찾는 일출 명소다. 맑은 날에는 멀리 대마도까지 눈에 담을 수 있다. 옥화마을 동백림은 3월 전후로 만개한다.
주의	양지암은 군사시설이 자리해 일부 구역에서 사진 촬영이 금지된다. 또 일몰 이후나 파고가 높은 날에는 출입할 수 없다.
먹거리	능포항 보리새우, 옥화마을 문어
편의시설	장승포시외버스터미널, 능포수변공원, 양지암 조각공원, 지심도터미널, 장승포유람선터미널에 화장실, 편의점 및 카페가 다수 있다.

바다와 예술이
씨실과 날실처럼 엮인 길

예술과 학문의 여신 뮤즈는 시인과 음악가들에게 영감을 불어넣는 존재로 묘사된다.
통영이 그러했다. 한결같이 푸른 바다와 그림처럼 떠 있는 작은 섬들,
생의 에너지로 가득한 항구는 아름답고 귀한 영감이 돼 주었다.

_ 권다현

남망산 조각공원에서 출발하는 남파랑길 29코스는 통영 앞바다가 한눈에 펼쳐지는 동피랑과 서피랑, 통영의 예술과 문화를 한자리에서 살펴볼 수 있는 윤이상 기념공원과 통영시립박물관을 지난다. 그야말로 바다와 예술이 씨실과 날실처럼 엮인 길이라 하겠다.

여기가 통영이다!

남파랑길 29코스는 남망산 조각공원에서 출발한다. 통영팔경의 하나로도 꼽히는 남망산 조각공원은 세계 유명작가들의 조각품을 따라 걷는 길이 오붓하다. 그러나 이들 작품보다 먼저 눈길을 사로잡는 풍경이 있다. 걸음을 옮길 때마다 달라지는 통영 앞바다다. 통영항과 동호항을 가르며 바다를 향해 툭 튀어나온 형태의 남망산은 통영 특유의 아기자기한 항구 풍경을 수시로 눈에 담을 수 있다. 매년 봄 통영을 클래식 선율로 물들이는 국제음악회도 이곳 남망산 조각공원을 배경으로 펼쳐진다. 그뿐 아니다. 해가 저물면 신비로운 요정들의 세계가 펼쳐지는 미디어쇼 '디피랑'이 색다른 볼거리를 제공한다.

활기찬 통영의 일상을 엿볼 수 있는 강구안을 지나 동피랑벽화마을로 오른다. 이름 그대로 동쪽 벼랑에 자리한 마을은 구불구불 가파른 언덕길을 따라 사랑스러운 벽화가 그려져 있다. 오랜만에 방문했더니 주기적으로 바뀌는 벽화 덕분에 또 다른 정경의 동피랑을 만났다. 물론 바뀌지 않는 것도 있다. 좁은 골목길을 따라 걷다 문득 눈을 돌리면 기다렸다는 듯 펼쳐지는 하늘빛 바다. 특히 주민들이 직접 운영하는 마을 카페에 이르면 발아래 강구안이 생기로 찰랑인다. 내가 지금 통영에 있음을 실감하게 만드는 대표적인 풍광이다.

역사조차 예술이 되는 세병관·충렬사

동피랑 언덕을 내려와 세병관으로 접어든다. 임진왜란이 끝나고 한산도에 있던 삼도수군통제영을 육지로 옮기며 지은 객사 건물인데, 그 규모나 짜임새가 빼어나 우리나라를 대표하는 목조건물로 꼽힌다. 당시 통제영에 물건을 대기 위해 근처에 크고 작은 공방이 들어섰다. 지금도 통영을 대표하는 공예품인 나전칠기가 여기서 비롯되었다. 세병관이란 이름의 뜻을 풀자면 '하늘의 은하수를 가져다 피 묻은 무기를 닦는다'는 의미다. 전쟁으로 얼룩진 어두운 시대를 지나면서도 평화로운 세상을 꿈꿨던 예술도시 통영의 상징적인 건물이라 하겠다.

통영 출신 박경리 작가는 세병관을 가리켜 "통영 사람들에겐 마음의 의지이자 두려움 그 자체"라며 "인공적인 것이 아닌 사명감을 갖고 태어난 건물"이라고 적

세병관 서쪽 벼랑에 자리한 서포루에서 짙푸른 바다를 굽어본다.

동피랑마을의 아기자기한 벽화가 하늘빛 통영 앞바다와 아름답게 어우러진다.

남망산 조각공원은 해가 저물면 미디어쇼 '디피랑'이 색다른 볼거리를 제공한다.

었다. 50년 만에 찾은 고향에서 낯설게 뒤바뀐 풍경에 어리둥절했던 그녀가 반가움의 눈물을 흘렸던 곳도 여전히 제 자리를 지키고 있던 세병관이라고.

충렬사도 마찬가지다. 충무공 이순신의 위패를 모신 곳으로 역대 수군통제사들이 매년 봄과 가을 제사를 지냈다. 단정하면서도 비장한 기운을 풍기는 건물, 충무공을 비롯한 수많은 우리 군사들의 희생을 기억이라도 하듯 선홍빛 꽃을 피워내는 늙은 동백나무, 장군을 향한 흠모의 마음을 담은 비석과 하사품들이 독특한 정취를 자아낸다. 이곳 통영에서는 파란만장했던 역사조차 한 편의 예술작품이 되는 모양이다.

예술이 흘러 바다로 나아가다

세병관 서쪽 벼랑에 자리한 서포루에서 짙푸른 바다를 굽어본 후 통영시립박물관으로 향한다. 1943년 통영 군청으로 지어졌던 이 건물은 반듯한 좌우대칭 구조와 합리적인 건축양식이 돋보이는 근대 문화유산이다. 시대별로 통영의 역사와 문화를 알기 쉽게 정리해 놓았는데 특히 통영반, 나전칠기, 갓 등 전통공예도 함께 만나볼 수 있다.

조금 더 걸어가면 윤이상기념공원이 맞아준다. 통영에서 학창시절을 보냈던 그는 일본 유학을 마치고 돌아와 고향에서 음악 교사로 재직하며 수십 곡의 교가를 작곡하기도 했다. 특히 충렬초등학교 교가는 윤이상이 작곡하고 시인 유치환이 가사를 붙였다고 하니 당대 풍요로운 예술 환경이 그저 부러울 뿐이다. 이곳 기념공원에는 윤이상이 직접 적은 악보를 비롯해 그가 독일 유학시절부터 사용했던 바이올린과 여권 등 다수 유품, 독일문화원이 수여한 괴테메달 등이 전시돼 있다.

일제강점기 아픈 역사를 간직한 해저터널을 지나 한적한 바닷길을 따라 걷는다. 뜨거운 햇살에 지칠 때쯤 오아시스처럼 남파랑쉼터가 나타나고, 이번에는 울창한 숲이 흐르더니 무전동 해변공원에 이르러 길은 바다로 나아간다. 일상 깊숙이 들어온 바다를 배경으로 즐거이 뛰어노는 아이들, 그조차 이곳이 통영이기에 고운 그림 한 폭이 된다.

남파랑길 29코스는 숲과 바다를 내내 감상하기 좋다.

코스	통영 남망산 조각공원 입구 → 서피랑 → 통영대교 → 평림항 → 무전동 해변공원
거리	17.6km
시간	6시간
난이도	보통
교통	**시점** : 통영종합버스터미널에서 121번 버스 이용, 남망산공원입구 하차 **종점** : 통영종합버스터미널에서 660번 버스 이용, 새통영병원 하차
추천	남망산 조각공원은 통영에서도 일몰이 아름답기로 유명한 곳이다. 서피랑공원에서는 항구를 배경으로 떠오르는 일출을 감상하기 좋다.
먹거리	싱싱한 횟감과 통영 향토음식인 충무김밥, 도다리쑥국, 굴요리
편의시설	동피랑마을, 서피랑공원 주차장, 서피랑공원, 해저터널, 평림생활체육공원, 무전동 해변공원. 평림항 근처에는 통영 남파랑쉼터가 있어 다양한 편의시설을 이용할 수 있다.

시간을 거슬러 태고의 땅을 걷다

우람한 해안 절벽과 태고의 신비를 간직한 공룡 발자국.
무수한 시간이 빚어낸 절경 때문인지, 인간이 존재하지 않았던 시대의
신기한 흔적 때문인지, 시간을 거슬러 홀로 비밀 여행을 떠난 느낌이다.
_ 권다현

솔섬은 사랑스런 이름만큼이나 섬 둘레를 한 바퀴 걷는 길도 어여쁘다.

남파랑길 대부분이 쪽빛 바다를 곁에 두고 걷는다. 자그마한 어촌과 싱그러운 숲길을 지나고, 때론 그곳 사람들의 부단한 일상과 지나온 삶의 흔적을 만난다. 그러나 남파랑길 33코스는 사뭇 다른 풍경으로 여행자들을 맞는다. 우람한 해안 절벽과 태고의 신비를 간직한 공룡 발자국. 그것만으로도 시간을 거슬러 인간이 존재하지 않았던 시대를 상상케 한다. 유구한 세월이 빚어낸 압도적인 절경 앞에 한낱 미물인 우리는 한 걸음 내딛는 것조차 겸허해진다.

꽃섬이라 불리는 어여쁜 솔섬

남파랑길 33코스는 임포항에서 출발한다. 드넓은 바다에 기대어 살아가는 호젓하지만 생기 넘치는 마을이다. 항구를 가득 채운 고기잡이배와 가리비 양식장이 이들의 분주한 일상을 가늠케 한다. 곧 초록빛 논이 펼쳐지고 문득 바다를 향해 툭 불거진 섬 하나에 발길을 멈춘다. 소나무가 많다고 하여 이름 붙은 솔섬이다. 봄이면 유채꽃과 진달래가, 여름이면 무궁화가, 가을엔 구절초가 만발해 주민들 사이에선 꽃섬으로 불린다. 사랑스런 이름만큼이나 섬 둘레를 한 바퀴 걷는 길도 어여쁘다. 울창한 소나무 숲 사이로 산책로가 잘 다듬어져 있을 뿐 아니라, 장여가 바라보이는 자리에 널찍한 전망대가 있어 풍광을 즐기기 좋다. 장여는 솔섬 꼬리처럼 길게 뻗은 곳으로, 밀물 때는 작은 섬처럼 보이지만 썰물 때는 바닷길이 열려 걸어서 접근 가능하다. 가까이서 책을 쌓아 놓은 것처럼 두드러진 층리도 눈으로 직접 관찰할 수 있다.

아담한 바닷가 마을을 끼고 이어지던 길은 동화마을 입구를 지난다. 이름만큼이나 알록달록 무지개 색깔 방호벽이 눈길을 끄는 이곳은, 정식 코스는 아니지만 기꺼이 에둘러 걷고 싶을 만큼 풍성한 볼거리를 자랑한다. 그 첫 번째는 석방렴이다. 바다에 돌담을 쌓아 밀물 때 들어왔다 썰물 때 물이 빠지면서 갇힌 물고기를 잡는 전통 어업 방식이다. 동화마을 석방렴은 그 형태도 아름답고, 바로 곁에 해상 산책로가 조성돼 한가로이 걷기 좋다. 이 지역은 국제적 멸종위기종인 상괭이 보호구역이라고 하니 운이 좋다면 그 귀여운 미소를 만날 수도 있겠다. 두 번째 볼거리는 소을비포성지다. 조선시대 왜구 침입을 막기 위해 쌓은 산성으로, 바닷가를 향해 타원형으로 쌓아 올린 형태가 지형을 효과적으로 활용했다. 현재는 북쪽 성문만 온전히 남았는데, 군사시설이었던 옛 성곽 주변으로 우거진 숲과 푸른 잔디

동화마을 석방렴은 그 형태도 아름답고 바로 곁에 해상 산책로가 조성돼 한가로이 걷기 좋다.

밭이 오히려 평화롭게 느껴진다.

공룡 발자국 따라 시간을 거스르다

남파랑쉼터가 자리한 맥전포항을 지나 남파랑길 33코스 하이라이트라 할 수 있는 상족암 군립공원으로 접어든다. 해안침식과 풍화작용으로 생긴 웅장한 절벽은 그 앞에 파식대로 불리는 널찍한 암반층을 품고 있다. 1982년 여기서 크고 작은 웅덩이 수백 개가 발견됐는데, 모두 1억 5천만 년 전 공룡 발자국으로 밝혀져 일대가 천연기념물로 지정되었다. 이후 연구를 통해 밝혀진 발자국 보행렬이 450여 개, 공룡 발자국은 3,800여 개에 이른다. 일정한 간격으로 발자국이 자리한 보행렬은 이들이 떼를 지어 남쪽으로 이동했음을 알려준다. 발자국 종류는 초식 공룡인 용각류와 조각류, 육식 공룡인 수각류까지 다양하게 분포한다. 여기에 세계적으로 희귀한 새 발자국까지 발견돼 학계의 뜨거운 관심을 모았다. 썰물 때는 산책로 계단으로 내려가 중생대 백악기 공룡의 흔적을 직접 눈으로 보고 손으로 만져볼 수 있다.

두 개의 다리, 또는 밥상 다리를 닮았다 하여 이름 붙은 상족암에 이르면 고성공룡박물관을 둘러볼 수 있다. 지난 2004년 개관한 박물관은 고성군이 세계 3대 공룡 화석지로 인정받게 된

남파랑길 33코스는 아름다운 해안 절경을 감상하며 걷는다.

배경과 함께 공룡 발자국을 보다 깊이 있게 이해할 수 있는 자료들이 전시됐다. 오비랍토르, 프로토케라톱스 진품 화석을 비롯해 실감 나는 공룡 모형도 만날 수 있다. 카페에서 파는 귀여운 공룡빵은 이곳에서만 맛볼 수 있는 특별한 간식이다.

섭밭재로 불리는 꽤 가파른 고개를 넘어 정곡마을로 이어진 길은 최종 목적지인 하이면사무소로 향한다. 무수한 시간이 빚어낸 절경 때문인지, 인간이 존재하지 않았던 시대의 신기한 흔적 때문인지 남파랑길 33코스는 걷기를 마친 후에도 여운이 잔잔하게 밀려든다. 마치 시간을 거슬러 홀로 비밀스런 여행에서 돌아온 느낌이랄까.

상족암을 방문하려면
물때를 잘 확인해야 한다.

고성공룡박물관 카페에서 파는
귀여운 공룡빵은 이곳에서만
맛볼 수 있는 특별한 간식이다.

코스	고성 임포항 → 솔섬 → 용암포 → 상족암 → 정곡마을 → 하이면사무소
거리	17.4km
시간	6시간 30분
난이도	보통
교통	**시점** : 고성여객자동차터미널에서 고성~하이 버스 이용, 임포 하차 **종점** : 삼천포시외버스터미널에서 10번 버스 이용, 신덕마을 하차
추천	상족암 또는 공룡박물관 전망대에서 바라보는 일출이 아름답다. 공룡 발자국을 보다 가까이에서 관찰하려면 상족암 물때 표를 미리 확인할 것
주의	대중교통 이용 시 버스 배차 간격을 반드시 확인해야 한다.
먹거리	싱싱한 횟감과 겨울이 제철인 가리비
편의시설	남파랑쉼터, 솔섬·평촌마을 인근 해안 데크·입암항·하이어촌계회관· 상족암군립공원·덕명마을에 화장실이 있고 곳곳에 편의점도 있다.

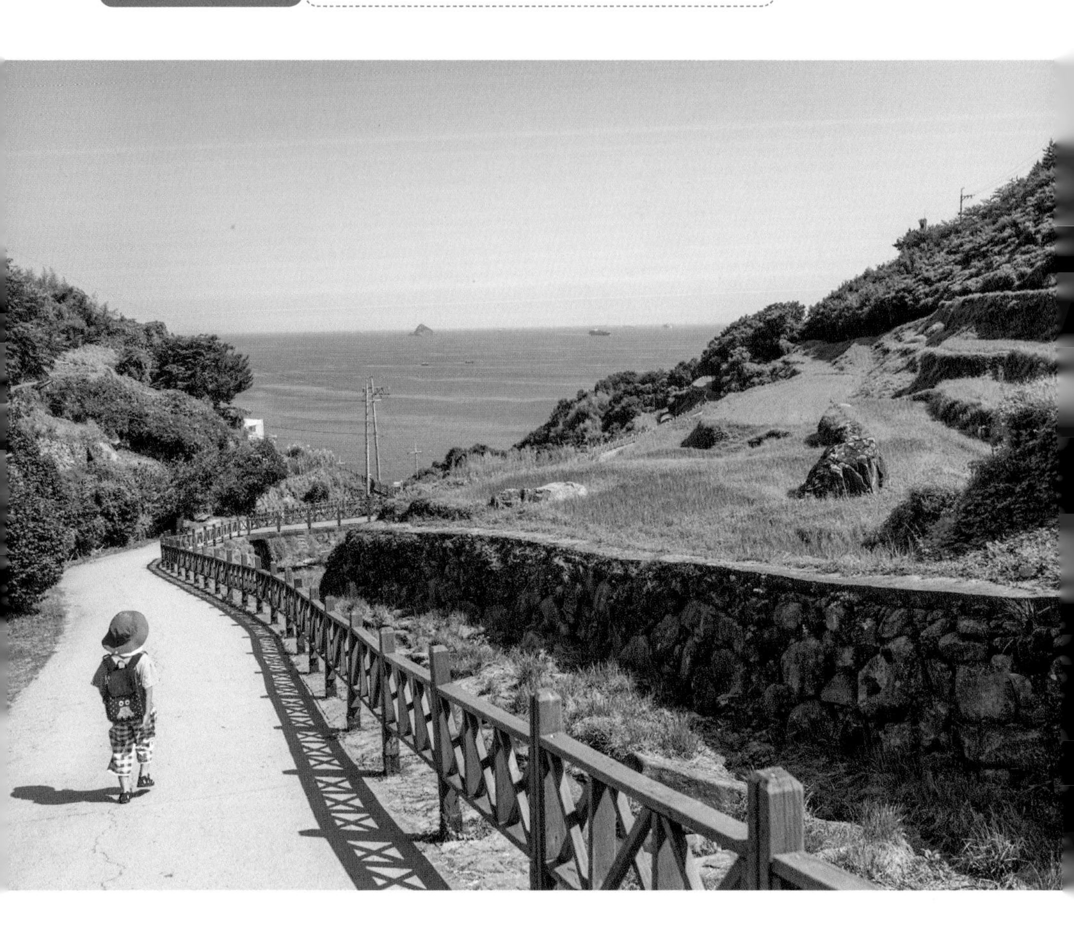

저 푸른 바다를 결에 두고 산다는 것

마을 사이를 이어주던 무성한 숲길은 가천다랭이마을로 향한다.
땅 생김새를 따라 부드러운 곡선으로 연결된 계단식 논은 100여 층에 이른다.
자연과 더불어 살기를 선택한 이들의 삶의 풍경은 보는 이들마저 평화롭게 만든다.

_ 권다현

남파랑길 42코스에는 유난히 마을이 많다. 앵강다숲마을, 미국마을, 두곡마을, 홍현해라우지마을, 가천다랭이마을… 하나같이 짙푸른 바다를 품고 산다. 여행자에게도 이 길은 내내 아름다운 남해를 한 자락씩 펼쳐 보인다. 이정표를 따라 걷다 문득 고개를 돌리면 한없이 투명한 물빛과 반짝이는 윤슬이 잔잔히 위로를 건넨다. 몇 시간만 걸어도 금세 행복해진다. 이런 풍경을 매일 곁에 두고 산다는 건 어떤 기분일까. 길 위에서 만나는 사람들이 못 견디게 부러운 이유다.

로맨틱한 숲길 너머 이국적인 마을

남파랑길 42코스는 남파랑길 여행지원센터에서 출발한다. 이곳에서는 남파랑길을 비롯해 해파랑길, 서해랑길, DMZ 평화의길은 물론 남해군을 아우르는 바래길에 대한 자세한 정보도 얻을 수 있어 걷기여행자들이 즐겨 찾는다. 무료로 이용 가능한 커피머신과 편안한 분위기의 라운지, 앵강다숲이 한눈에 내려다보이는 테라스도 여유롭게 쉬어가기 좋다.

앵강다숲은 남해군을 대표하는 캠핑 명소다. 그도 그럴 것이 바로 앞에 앵강만 푸른 바다가 펼쳐지고 캠핑 사이트는 초록빛 숲길 사이에 호젓하게 자리 잡았다. 오랜 세월 거센 바람으로부터 마을을 지켜주던 방풍림이라 나무 줄기가 길고 굵직하다. 덕분에 한낮에도 그늘이 짙다. 여름엔 청아한 연꽃이, 가을엔 고혹적인 상사화가 만발해 생기를 더한다. 곳곳에 자리한 귀여운 조명과 바다를 향해 놓인 나무 의자가 여기서 보낼 로맨틱한 하루를 꿈꾸게 한다.

자꾸만 늦어지는 걸음을 이끌고 도착한 곳은 미국마을이다. 재미교포들의 정착을 돕기 위해 조성됐다는 마을은 입구부터 자유의 여신상이 이채로운 풍경을 빚어낸다. 하늘 높이 솟은 웅장한 가로수를 따라 미국풍으로 지어진 주택 20여 채가 모여 앉았다. 일부 주택은 카페나 음식점, 숙소로도 사용돼 색다른 분위기를 즐기기에 좋다.

매번 다른 바다가 색다른 매력으로

산 중턱 임도를 따라 걷던 길은 두곡마을에 이르러 다시 바다와 가까워진다. 활처럼 휘어진 해안선을 따라 하얀 파도가 밀려드는 이곳은 몽돌 해변 특유의 경쾌한 소리가 발길을 붙잡는다. 물살이 몽돌 사이를 빠져나가며 '자갈자갈' 소리를 내는 것인데, 갈 길 먼 여행자도 해변에 앉아 귀 기울이게 만든다. 몽돌 해변 끝자락에는 마을 방풍림으로 조성된 해송 숲이 있다. 군데군데 놓인 널찍한 평상이 시원한 바닷바람을 쐬기에 명당이다. 해마다 여름이면 이를 알고 찾아오는 이들로 꽤나 북적이는 해수욕장이기도 하다.

바다를 보고 또 보며 걷는 남파랑길 42코스지만 매번 다른 바다가 색다른 매력으로 여행자들을 맞는다. 홍현해라우지마을에 들어서니 울창한 방풍림 아래서 짙푸른 그늘을 즐기는 이들이 눈에 들어온다. 해마다 어김없이 찾아오는 태풍 때문에 남자들은 바지게에, 여자들은 소쿠리에 흙을 담아 온전히 주민들 손으로 조성한 인공 방풍림이다. 무려 250년 역사를 자랑하는 숲은 이제 누구든 남해 앞바다를 품을 수 있는 쉼터가 되어준다. 잔잔한 물결을 따라 걷다 보니 석방렴이 눈에 들어온다. 바다에 기대어 살아가는 우리 조상들의 지혜도 놀랍지만, 석방렴 크기나 모양을 한눈에 살펴볼 수 있

앵강다숲. 바다를 향해 놓인 나무의자가 쉬어가기 좋다.

을 만큼 맑고 깨끗한 바다는 더 감동이다.

자연을 거스르지 않는 삶을 배우다

과거 마을과 마을 사이를 이어주던 무성한 숲길은 코스 마지막에 자리한 가천다랭이마을로 향한다. 명승으로도 지정된 이곳 다랑이논은 바다를 향해 뻗은 설흘산과 응봉산 비탈을 활용해 계단식 논을 일궜다. 땅 생김새를 따라 부드러운 곡선으로 연결된 계단식 논은 무려 100여 층에 이른다. 자연을 거스르기보다 더불어 살기를 선택한 이들 삶의 풍경은 보는 이들마저 평화롭게 만든다. 덕분에 가천다랭이마을은 남해를 대표하는 관광지로 꼽힌다. 봄이면 눈부신 유채꽃이 흐드러지고, 가을이면 황금빛 논이 파란 바다와 대조를 이룬다.

마을 곳곳에 아기자기한 카페와 식당, 아트숍이 자리해 구석구석 둘러보는 재미도 쏠쏠하다. 여기에 남해 유자로 빚은 상큼한 막걸리 한잔이면 걷기의 피로함도 한방에 날려버릴 수 있다.

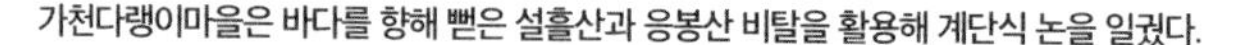
가천다랭이마을은 바다를 향해 뻗은 설흘산과 응봉산 비탈을 활용해 계단식 논을 일궜다.

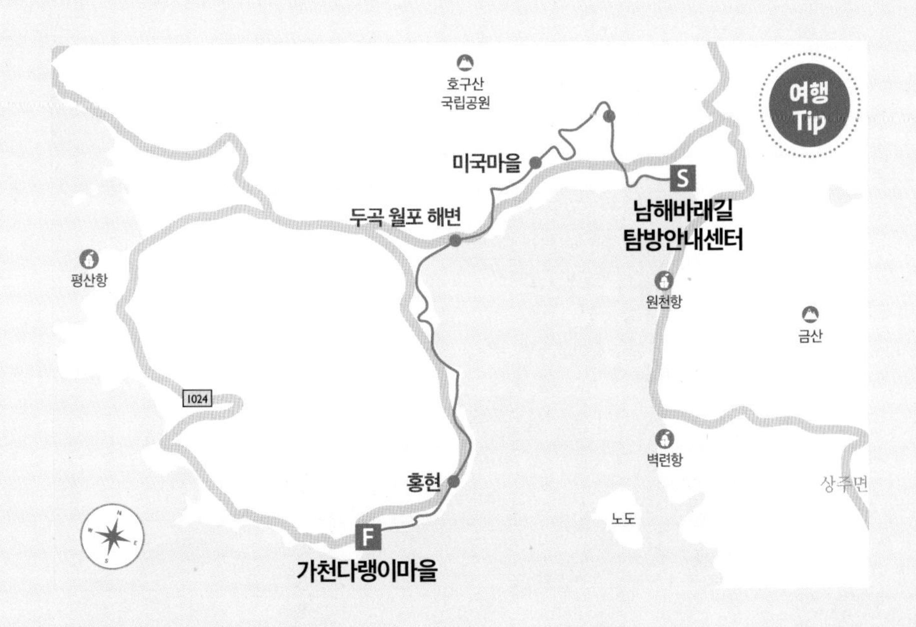

코스	남해바래길 탐방안내센터 → 미국마을 → 두곡 월포 해변 → 홍현 → 가천다랭이마을
거리	15.6km
시간	6시간
난이도	보통
교통	**시점** : 남해버스터미널에서 남해~가천 버스 이용, 신전 하차 도보 950m **종점** : 남해버스터미널에서 남해~가천 버스 이용, 가천다랭이마을 하차
추천	가천다랭이마을은 일출과 일몰 모두 아름답기로 유명하다. 앵강다숲마을에서 다양한 체험 프로그램을 운영한다.
주의	일부 가파른 해안길을 지나므로 안전에 유의해야 한다. 식수와 간식은 미리 준비하길 추천한다.
먹거리	남해 앞바다에서 잡아 올린 싱싱한 멸치로 만든 멸치쌈밥
편의시설	남해바래길 탐방안내센터·두곡 해변·가천다랭이마을 화장실, 원천마을·가천다랭이마을 매점

섬진강 따라 유유히 흘러 바다와 만나다

아무리 퍼가도 마르지 않을 섬진강은 장장 223km를 흘러 전라도와 경상도를 가르며 남해로 빠져나간다. 남파랑길 48코스는 섬진강 하류를 따라 남해로 흐르는 길이다. 시시각각 변하는 섬진강변의 풍경이 걷기의 지루함을 달래준다.

_ 윤정준

섬진강 하모니철교.
폐철로 된 경전선을 활용해
도보 전용 인도교로 만들었다.

섬진강 시인 김용택은 전라도 실핏줄 같은 개울물들이 모여 흘러, 어디 몇몇 애비 없는 후레자식들이 아무리 퍼 가도 마르지 않을 강이 섬진강이라 읊었다. 아무리 퍼가도 마르지 않을 섬진강도 그 시작은 작은 샘이다. 전북 진안군에 위치한 데미샘에서 발원한 섬진강(蟾津江)은 장장 223km를 흘러 전라도와 경상도를 가르며 남해 바다로 빠져나간다. 남파랑길 48코스는 섬진강 하류를 따라 남해 바다로 흐르는 길이다. 하동 방면에서 북상하던 남파랑길은 섬진강을 건너 광양 쪽 강변을 따라 남하한다. 광양시 다압면 섬진교 다리 아래에서 본격적으로 시작하는 48코스는 코스 대부분이 섬진강 자전거길을 따라간다. 둔치를 따라 시시각각 변하는 섬진강변 풍경이 걷기의 지루함을 달래준다.

전라도와 경상도를 잇다

다압면 원동마을을 시작으로 월길, 송금, 돈탁, 사평, 오추마을로 길은 이어진다. 첫 마을인 원동마을은 한때 주막거리로 불렸다. 하동에 장이 서는 날이면 고개를 넘은 상인들이 마을 주막에서 한숨 돌린 뒤, 배에 팔 물건을 싣고 섬진강을 건넜기 때문이다. 섬진강이 전라도와 경상도를 가르고 있었지만, 오고 가는 상인들을 막지는 못했다.

섬진강 위를 달려 경상도와 전라도를 잇는 남해고속도로

길을 따라 남쪽으로 내려가면 250살 넘은 팽나무와 지금은 폐철로가 된 섬진철교를 만난다. 경전선은 1968년부터 2016년까지 약 50년간 섬진철교 위를 달려 부산과 광주를 왕래했다. 경상도와 전라도의 앞자리를 딴 경전선은 그 이름대로 영남과 호남을 이어주던 주요 교통수단이었다. 트러스 구조로 된 442.1미터의 섬진철교는 당시 기준으로 최신 기술로 만들어진 교량이었다. 지금은 진주~광양 간 전철화 사업으로 폐철교가 되었고, '섬진강 하모니철교'라는 이름으로 재탄생해 도보 전용 인도교로 활용하고 있다. 하모니철교를 건너면 하동군 하동송림공원으로 곧바로 갈 수 있다. 철교 중간에 강화 유리로 바닥을 만들어 놓아 옛 철로의 모습을 볼 수 있다.

재첩국 사이소, 재첩국!

한 척의 배가 빠른 속도로 강 위를 빙글빙글 돌고 있다. 재첩잡이 배다. 강을 긁

돈탁마을 입구에 장승이 나란히 서 있다.

'마음의 편지를 보낸 곳'이라고 적힌 우체통 모양의 화장실

어 강바닥에 있는 재첩을 건져 올린다. 지금은 주로 배로 재첩 작업을 하지만, 예전에는 사람이 직접 강에 들어가 거랭이라는 도구로 강바닥을 긁었다. 이를 재래식 손틀 어업이라 한다. 2023년 어업 분야에선 국내 최초로 세계중요농업유산에 등재되었다. 고된 노동이었지만 강변 사람들에겐 숙명이었다. 아이들을 가르치고 가족들을 건사하기 위해서는 강에 들어가야만 했다.

재첩 하면 떠오르는 오랜 추억이 있다. 이른 새벽 골목길에서 "재첩국 사이소, 재첩국" 소리가 들리면 어머니는 현관문을 나서곤 했다. 특히 전날 아버지가 만취한 날은 어김없었다. 아침밥상엔 부추를 띄운 재첩국과 함께 어머니의 잔소리도 빠지지 않았다. 1970~80년대 부산에서 자란 사람들에게는 익숙한 풍경이다. 재첩국이 시원하다는 것은 스무 살이 넘어서야 알게 되었지만, 당시엔 밍밍한 국물 맛의 정체를 알 길이 없었다. 낙동강 하류에 위치한 명지, 하단 일대에서 많은 양의 재첩을 채취했기 때문에 가능한 일이었다. 강 하구에 둑이 생기면서 재첩국 양동이를 머리에 이고 골목길을 누비던 아지매들의 발길이 뚝 끊겼다.

지금은 국내에서 섬진강 하류에서만 재첩 채취가 가능하다. 섬진강만이 유일하게 강 하구에 둑이 없어 기수역이 온전하기 때문이다. 기수역(汽水域)이란 강이 바다를 만나 강물과 바닷물이 한몸처럼 섞이는 곳을 말한다. 물속에서 보면 민물과 짠물이 섞일 때 마치 아지랑이처럼 보인다 하여 아지랑이 '기(汽)' 자를 썼다. 김훈

작가는 이를 두고 “강이 하구에 이르러 바다로 뛰어든다”고 표현했다.

섬진강변을 따라 파크골프장과 진월돈탁하천숲, MTB 체험장 등이 이어진다. 너른 섬진강변 둔치를 활용해 주민들과 관광객을 위한 시설이 하나둘씩 들어선다. 섬진강 끝들마을 들머리를 지나면 ‘바다와 하늘이 만나는 섬진강, 마음의 편지를 보내는 곳’이라 적혀 있는 아주 큰 빨간색 우체통이 길 옆에 서 있다. 웬 우체통 조형물인가 싶어 다가가 보니 공중화장실이다. 자전거 라이더들이 자전거를 세워두고 잠시 숨을 돌린다.

남파랑길은 국토 종주 섬진강 자전거길을 따라 계속 남하한다. 중간중간 라이더들이 힘차게 페달링하며 지나간다. 섬진강 하구 습지엔 갈대가 숲을 이뤄 다도해 섬처럼 떠 있다. 갈대숲 사이로 갯골을 따라 물이 멈춘 듯 흐른다.

남해고속도로 교각 아래를 지나 섬진강휴게소가 그 모습을 드러내면 재첩 요리를 파는 식당이 하나둘 나타난다. 재첩 요리에는 보이지 않는 정성이 들어가 있다. 손톱 크기의 재첩을 수십 차례 씻은 뒤 해감 과정을 거쳐, 다시 삶고 헹구기를 수차례 한 뒤에야 밥상에 오르기 때문이다. 재첩 정식에 막걸리로 허기를 달랜다. 재첩국 외에 재첩전과 재첩회무침 등 재첩으로 가능한 요리가 한상 가득하다. 도로변 쌈지 공간에 조성된 진월정공원을 지나면, 남파랑길 48코스의 종점에 닿는다. 망덕포구를 지나 저 멀리 광양제철소 굴뚝에서 연기가 모락모락 올라온다.

갈대와 습지가 발달한
섬진강 하류

코스	하동군 섬진교 동단 → 섬진강 하모니철교 → 거북등터널 → 섬진강휴게소 → 광양시 진월초등학교
거리	13.4km
시간	4시간 30분
난이도	쉬움
교통	**시점** : 하동시외버스터미널에서 18번 버스 이용, 신원로타리 하차 **종점** : 하동시외버스터미널에서 54번 버스 이용, 진원남초등학교 하차
추천	섬진강 하모니철교 위를 걸어 하동 송림공원까지 다녀오는 것을 추천한다.
주의	거의 전 구간이 해를 가려줄 그늘이 없기 때문에 한여름 뙤약볕은 피하는 것이 좋다. 중간에 상점이 없으니 사전에 식수를 넉넉히 준비해야 한다.
먹거리	코스 종점 부근에 재첩 요리를 파는 식당이 여럿 있다. 길 중간에는 식당이 없으니 출발 전에 하동 읍내 식당을 이용하는 것이 좋다.
편의시설	섬진강 하모니철교, 섬진강휴게소

꿈결처럼 낭만적인 그 이름,
여수 밤바다

바다와 맞닿은 해안 산책로에서 돌산도와 장군도를 바라본다.
이 길은 낮보다 밤에 걷는 게 더 낭만적이다.
도시 불빛이 바다에 수채화 물감을 뿌린 듯하고,
별처럼 빛나는 형형색색 조명이 꿈결처럼 감미롭다.
_ 윤정준

한강 작가의 첫 소설인 『여수의 사랑』에 나오는 두 주인공인 자흔과 정선. 둘은 함께 여수로 여행을 떠난다. 어린 시절부터 양어머니를 따라 이사를 반복했던 자흔에게 여수란 그리움의 장소다. 반면 정선은 기억하고 싶지 않은 곳이다. 여수에서 어머니와 아버지를 잃었기 때문이다.

소설 속 주인공은 하고많은 곳 중에서 왜 여수로 여행을 떠났을까? 아니 한강은 왜 소설의 무대로 여수를 택했을까? 작가는 '여수'라는 지명에 주목한다. 수려하다는 뜻을 지닌 여수(麗水)와 여수라는 이름에서 풍기는 우수의 느낌 때문이었다고.

그렇다. 여수는 수려한 항구 도시[麗水]이자, 외로운 여행자의 도시[旅愁]다. 여수의 아름다운 바다는 청춘의 슬픔과 상처마저 보듬는다.

여수 해안 따라가는 낭만의 길

여수해양공원에서 시작하는 55코스는 이순신광장을 거쳐 수산시장까지 해안 산책로를 따라간다. 바다와 맞닿은 해안 산책로 벤치에 앉아 돌산도와 장군도를 멍하니 바라본다. 사실 이 길은 낮보다 밤에 걷는 게 더 낭만적이다. 도시의 불빛이 바다에 수채화 물감을 뿌린 듯하기 때문이다.

이순신광장 한편에 거북선이 정박해 있다. 2층 내부로 들어가면 관람이 가능하다. '이순신'이라는 이름이 붙은 건 광장 위에 전라좌수영의 본영으로 삼았던 진해

이순신광장에 있는 거북선 모형.
내부 관람이 가능하다.

돌산도와 여수반도를 잇는 돌산대교

국가 어항인 국동항에 배들이 가득하다.

루가 있었기 때문이다. 진해루는 정유재란 때 불타 버렸지만, 이후 그 자리에 국내 최대 규모의 객사 진남관(鎭南館)을 건립했다. 국보 제304호 진남관은 현재 전면 보수 중이다.

이순신광장과 맞닿은 중앙동 선어시장은 규모는 작지만 역사가 깊다. 주로 여수 인근 해역에서 갓 잡은 생선과 패류, 낙지 등을 이곳에서 거래한다. 새벽 시간에 싱싱한 수산물을 싸게 구입하려는 상인들과 인근 주민들로 북적인다. 반면 낮엔 한가해 시장인 줄 모르고 지나치기 일쑤다. 대형 어선들이 잡은 수산물은 국동항에 위치한 수협에서 위판한다. 해안 산책로 끝자락에 연안여객선터미널과 여수수산시장이 있다. 여객선터미널 주변에는 도서 연안으로 오가는 섬 주민들과 관광객을 위해 아침 일찍 식당이 문을 연다. 저렴한 가격에 생선구이나 매운탕을 파는 맛집들이 많다.

벽화로 채색된 좁은 골목길을 빠져나와 돌산대교 아래를 지나면 당머리마을에 닿는다. 주황색으로 지붕을 채색한 당머리마을은 참장어 거리가 조성돼 있을 만큼 참장어로 유명하다. 회뿐만 아니라 소금구이, 샤브샤브로도 먹는다. 일본말로 '하모'라고 부르는 참장어는 고급 어종으로 여름이 제철이다. 참장어 외에 갯장어로는 흔히 '아나고'라고 하는 붕장어가 있다.

당머리 참장어 거리를 빠져나오면 국동항이다. 국동항은 국가 어항답게 온갖 종류의 배들로 꽉 차 있다. 나갈 배와 들어올 배의 진행을 가늠하기 어려울 정도로 빼곡하다. 국화를 닮았다 하여 국동이란 이름을 갖게 된 항구는 주변 섬들이 파도와 바람을 막아줘 견고하다. 국동항 인근에 게장으로 유명한 봉산동이 있다. 여수 사람들의 소울푸드인 간장게장 맛에 빠진 관광객들이 이 일대를 찾으면서 골목길을 따라 게장 식당이 문전성시를 이룬다. 봉산동에는 게장뿐만 아니라 지역민들만 아는 맛집과 뱃사람들을 위한 숙박시설이 많다.

웅천 해변과 예술의 섬 장도

소호동동다리는
고려가요 <동동>에서 이름을 따왔다.

저녁놀로 물든 가막만

국동항을 빠져나와 서목길로 접어든다. 길은 바다와 맞닿아 있고, 작은 섬들이 바다에 떠 있는 배들을 호위하고 있다. 히든베이 호텔을 끼고 도로 쪽으로 나오면 가막만을 따라 신월로가 길게 이어진다. 구 여수 지역과 구 여천 지역을 연결하기 위해 가막만 해안을 따라 만든 도로다. 일제강점기 때에는 이곳 넘더리 해변에 일본군 수상 비행장 활주로가 있었다. 여순사건 때는 14연대가 이곳에 주둔했다. 현재는 주식회사 한국화약 여수공장이 자리를 차지하고 있다. 묘하게도 모두 전쟁과 관계가 깊지만, 해질녘 노을로 물든 가막만의 풍경은 평화롭다.

신월로를 빠져나오면 아파트로 빼곡한 웅천 신도시와 웅천 해변이 이어진다. 웅천 해변은 송림과 야영장, 음수대, 샤워실 등의 부대시설이 잘 갖춰진 도심 속 해변이다. 주민들의 맨발 걷기가 한창이다. 웅천 해변 건너편에 예술의 섬 '장도'가 있다. 네 동의 창작 스튜디오와 전시관, 산책길 등을 갖췄다. 여수시와 GS칼텍스가 지역사회 공헌 사업으로 2019년에 조성했다. 장도를 가기 위해서는 물때가 맞아야 한다. 밀물 때는 다리가 물에 잠겨 건널 수 없다. 입구에 건널 수 있는 시간표가 붙어 있다.

GS칼텍스 예울마루를 끼고 선소로 이동한다. GS칼텍스 예울마루는 세계적인 건축가 도미니크 페로가 설계한 공연장이다. 자연 훼손을 최소화하고 에너지 효율을 극대화한 건축물로 유명하다. 152m에 달하는 거대 유리 지붕은 망마산 자락에서부터 여수 앞바다로 향하는 역동적인 계곡의 흐름을 형상화했다.

감히 적들이 얼씬하지 못한 선소

고개를 넘으면 선소(船所)다. 임진왜란 때 이곳에서 거북선을 건조하고 배들을 수리했다. 가막만에서도 가장 깊은 곳에 위치해 적들은 감히 얼씬도 하지 못했다. 배를 만들고 수리했던 인공호수 '굴강(掘江)', 칼과 창을 갈고 닦았던 '세검정(洗劍亭)', 배를 묶어 두었던 '계선주(繫船柱)' 등의 유적이 고스란히 남아있다.

선소를 지나 소호동동다리를 건너 요트장에 도착하면 남파랑길 55코스는 끝이 난다. 고려가요 〈동동〉에서 이름을 따온 742m 길이의 소호동동다리는 바다 위에 만들어진 산책로다. 바다 위를 걷다 벤치에 앉아 가막만 바다를 가만히 바라본다.

선소는 거북선 등 배를 수리하고 건조하던 곳이다.

코스	여수해양공원 → 수산시장 → 국동항 → 웅천 해변 → 선소 유적 → 소호동동다리 → 여수소호요트장
거리	15.6km
시간	5시간
난이도	쉬움
교통	**시점** : 여수종합버스터미널 맞은편에서 555번 버스 이용, 여수연합항운(여수해양공원) 하차 **종점** : 여수종합버스터미널에서 88번 버스 이용, 소호요트 하차
추천	물때가 맞으면 예술의 섬 '장도'에 들러 미술관 등을 관람하면 좋다.
참고	여수 시내를 통과하는 구간이기 때문에 사전에 특별히 준비할 게 거의 없다. 길이 밝고 안전하기 때문에 밤에 걸어도 좋다.
먹거리	여수수산시장 인근에 생선회, 생선구이, 매운탕, 당머리 장어요리, 봉산동 게장, 장어탕 등을 잘하는 맛집이 많다.
편의시설	여수수산시장, 국동항 해변공원, 웅천 해변, 장도 예술의 섬

간간하고 알큰하고
쫄깃하고 짜릿한

벌교는 아버지와 마지막으로 여행을 갔던 곳이기도 하다.
『태백산맥』을 즐겨 읽으셨던 아버지는 임종을 앞두고 벌교를 보고 싶어 하셨다.
결국 벌교에서 먹었던 꼬막 정식이 아버지와의 마지막 외식이 되었다.

_ 윤정준

태백산맥을 따라가는 문학의 길

남파랑길 63코스는 벌교읍에서 시작한다. 부용교 아래 벌교천변에서 출발해 '태백산맥문학길'을 따라간다. 소설 『태백산맥』에 등장하는 소화다리, 홍교, 부용산, 금융조합, 보성여관, 벌교시장을 차례로 거친다. 소화다리는 여순사건과 한국전쟁 때 총살이 자행된 아픈 역사를 가진 곳이다. 태백산맥에서도 총살 장소로 등장한다. 보물 제304호인 홍교는 아치 모양의 돌다리로, 1723년(영조 5년)에 지었다. 시멘트와 같은 접착 성질의 재료 없이 역학적 힘만으로 돌을 이어 붙였다. 국내에 남아있는 홍교 중에서 규모가 가장 크고 아름답다.

홍교를 건너 채동선 생가를 지나 부용산 언덕에 오른다. 1901년생인 채동선은 벌교 출신의 근대 음악가다. 서울 성북동에 살면서 음악 활동뿐만 아니라 3·1운동에도 적극 참여했다. 일본과 독일 유학을 거쳐 1930년대에 음악가로 절정의 시기를 보냈지만, 부산 피란 시절인 1953년 52세의 나이로 타계한다. 그는 정지용의 시에 곡을 붙인 〈고향〉, 〈향수〉 등 주옥같은 가곡을 작곡했다. 부용산 봉우리에서 바라보는 하늘은 여전히 푸르다. 시인 박기동은 해방 직전 벌교에 시집가서 아이를 낳다 죽은 여동생을 부용산에 묻고 돌아오는 길에 〈부용산〉이라는 시 한 편을 남겼다. 여기에 〈엄마야, 누나야〉를 작곡한 안성현이 곡을 붙여 애절한 〈부용산가〉가 탄생한다.

홍교는 국내 최대 규모의
무지개다리다.

태백산맥문학거리 입구에 있는 벌교금융조합 건물.
일제강점기인 1919년에 지었다.

등록문화재로 지정된 보성여관은 소설 태백산맥에서
'남도여관'으로 등장한다.

부용산 언덕을 내려오면 태백산맥문학거리 입구에 벌교금융조합 건물이 있다. 일제강점기인 1919년에 지은 2층짜리 붉은색 벽돌 건물로, 지금으로 치면 은행이다. 르네상스 양식을 바탕으로 지은 건물은 당시 유행하던 일본의 건축양식이 고스란히 남아있다. 현재는 벌교금융조합사와 한국 화폐사에 대한 전시 공간으로 활용하고 있다.

벌교초등학교가 있는 거리로 들어서면 영화 세트장에 온 느낌이다. 100년 전으로 시간여행을 와 목공소, 문구점, 술도가 등의 건물을 돌아본다. 그중 압권은 보성여관이다. 1935년 교통의 요충지였던 벌교에 세워진 보성여관은 당시 건축양식과 생활양식을 엿볼 수 있는 중요 문화자산이다. 등록문화재로 지정된 보성여관은 2012년에 개관하여 숙박 및 복합 문화 공간으로 활용하고 있다. 소설 태백산맥에서 '남도여관'이라는 이름으로 등장하는 보성여관은 당시 시대 상황을 담고 있는 기억의 장소다.

벌교 하면 꼬막, 꼬막 하면 벌교

벌교와 꼬막은 동의어다. 벌교 하면 꼬막이고, 꼬막 하면 벌교다. 꼬막철이면 벌교시장 일대에 꼬막이 넘쳐난다. 완전히 익히지 않고 살짝 데친 꼬막 맛은 소설가 조정래의 표현에 의하면 알큰하면서 싸릿하다. 꼬막에는 참꼬막과 새꼬막이 있는데, 벌교 사람들은 참꼬막을 진짜로 쳤다. 새꼬막은 '똥꼬막'이라 낮춰 불렀다. 심지어 제사상에도 올리지 않았다. 참꼬막은 새꼬막과 달리 뻘배를 타고 갯벌로 나가 손으로 채취한다. 넓은 나무판자의 앞부분을 45도 구부려 만든 뻘배는 '널배' 또는 '널'이라고도 한다. 펄 갯벌이 발달한 여자만에서는 뻘배 없이 한 발자국도 움직이기 힘들다. 시집와서 살림 못 하는 것은 참아도 뻘배 못 타는 건 참지 못했다. 반면 새꼬막은 형망이라는 어구를 배에 매달아 수심 10m 정도 되는 바닥을

경전선 철로는 소설 태백산맥에서 염상구가 깡패 왕초인 땅벌과 기차가 올 때 누가 더 오래 버티나 대결을 펼친 곳이다.

남파랑길은 갈대밭 사이를 지나 둑방을 따라 길게 이어진다.

종점지인 고흥군 망주마을에 붙은 기념 리본

긁어서 잡는다. 참꼬막은 이제 귀한 존재다. 가격도 새꼬막보다 2배 이상이다.

벌교천이 갈대를 헤치고 여자만으로

벌교 읍내를 빠져나와 경전선 철교 밑 벌교항으로 내려선다. 물때에 따라 시시각각 그 모습을 달리하는 벌교천이 갈대를 헤치고 여자만으로 흐른다. 남파랑길도 하천을 따라 바다로 향한다. 얼마 전까지만 해도 벌교천에 물이 차면 이 길을 따라 여객선이 다녔다. 여객선 수미호는 4km에 달하는 벌교천 하구 수로를 지나 벌교 읍내와 장도를 왕복했다. 순천만보다 더 긴 갈대밭 사이 좁은 수로를 지날 때면 이국적 풍경에 여행객들은 탄성을 질렀다. 지금은 상진항에서 장도를 오가는 여객선이 다닌다.

남파랑길은 갈대밭 사이를 지나 둑방을 따

라 길게 이어진다. 벌교대교를 지나 바다에 이르면 갯벌 천지가 된다. 벌교천은 여자만으로 수렴한다. 벌교천을 벗어나 대포마을 대포항에 이르니, 갯벌 위로 물결이 찰랑거리며 여자만 바다가 끝없이 펼쳐진다. 여수반도와 고흥반도 사이에 옴팍하게 자리 잡은 여자만(汝自灣)은 벌교와 순천 내해까지 포괄할 만큼 광대하다. 여자만 갯벌은 모래가 섞이지 않아 결이 곱다. 그래서 '참뻘'이라 불렀다. 여자만 갯벌은 2006년 1월 20일 연안 습지로는 국내 최초로 람사르 습지로 지정됐다. 2021년에는 세계자연유산에도 등재됐다. 고기잡이 채비를 하느라 대포마을 주민들이 바쁘게 움직인다.

대포마을을 지나 차도 옆 범등고개를 넘으면 고흥군 동강면이다. 보성군에서 고흥군으로 들어선 것이다. 해안가를 따라 죽림(竹林)·죽동(竹洞)·옹암(甕岩)마을이 이어진다. 항아리 모양을 닮았다 하여 옹암이라는 이름이 붙은 마을을 지나 죽암방조제 위를 걷는다. 방조제 우측은 대강천이고, 반대편은 여자만 바다다. 바다에는 어선들이 정박해 있고, 항구에는 식당 두 곳이 영업하고 있다. 호수 뒤 우뚝 솟은 두방산, 병풍산을 바라보며 대강천변을 걷는다. 인적이 드문 곳이라 심드렁하게 낚싯대를 드리운 강태공이 반갑다. 축사 옆을 지나 작은 언덕을 넘으니, 고흥군 남양면 망주마을에 도착한다.

월정리 포구는
죽암방조제 아래에 있는
작은 포구다.

코스	벌교읍 부용교(동쪽) → 채동선 생가 → 벌교역 → 벌교시장 → 벌교갈대숲공원 → 대포마을 → 죽암방조제 → 팔영농협망주지소
거리	21km
시간	7시간
난이도	쉬움
교통	**시점** : 벌교버스터미널 또는 벌교역 도보 이동 **종점** : 벌교버스터미널에서 벌교~부도 버스 이용, 망주 하차(망주경로당 건너편)
추천	벌교시외버스터미널과 가까운 태백산맥문학관에 들러 관람한 후 걸으면 좋다.
참고	종점지인 망주버스정류장에서 시내버스를 타고 벌교역 또는 벌교버스터미널로 돌아올 수 있으나, 배차 간격이 기니 시간을 확인해야 한다. 시간이 맞지 않으면 택시를 타고 돌아오는 게 낫다.
주의	길은 평탄하지만, 거리가 멀고 중간에 가게가 없기 때문에 식수와 간식을 미리 준비해야 한다.
먹거리	꼬막정식, 장뚱어탕 등 벌교 읍내에 식당이 많다. '모리씨빵가게'라는 맛있는 로컬 빵집이 있다.
편의시설	보성여관, 벌교갯벌생태공원

산 정상에서 다도해 절경을 내려다보다

굽이굽이 능선길을 따라 우암전망대에 다다른다. 발아래 풍경이 비현실적일 만큼 빼어나다. 낭도, 개도, 금오도 등 수많은 섬이 여수반도와 고흥반도 앞바다에 흩뿌리듯 펼쳐져 있다. 문어잡이 배들이 섬과 섬 사이를 미끄러지듯 빠져나온다.

_ 윤정준

남파랑길 66코스는 우미산(牛尾山)과 우각산(牛角山) 사이에 자리 잡은 간천마을에서 시작한다. 지형상 소머리와 소꼬리 사이에 위치한 셈이다. 고흥군 영남면에 속한 간천마을은 바다가 지척이지만 산촌마을에 가깝다.

농자재 창고를 지나 마을로 들어서면 구불구불 돌담길이 마을 뒷산으로 이어진다. 돌담 안으로 집이 낮게 자리를 잡아 바깥에서 살림살이를 쉬 볼 수 없다. 산 아래 마을이지만 바다에서 불어오는 북서풍이 매섭기 때문이다. 주민 몇 분이 비가 그치자 더운 날씨에도 불구하고 밭에 나와 김을 매고 있다.

비현실적인 다도해 절경

마을을 벗어나면 곧바로 임도로 이어진다. 임도는 산비탈을 따라 지그재그로 조금씩 고도를 높여 간다. 길가에 핀 야생화를 감상하며 어렵지 않게 오른다. 저 멀리 팔영산 능선이 우뚝하다. 우미산 능선 고갯마루에서 임도는 끝이 난다. 이제 본격적인 숲길이다. 몇 줄기의 빛만 간신히 길을 비출 정도로 숲은 빽빽하다. 남파랑길 방향 이정표는 우미산 정상 반대편 북동쪽 능선 방향을 가리킨다. 등산객들은 우미산 정상으로 향한다. 능선 길은 좁지만 켜켜이 쌓인 낙엽들로 푹신하다.

굽이굽이 능선길을 따라오니 중앙삼거리다. 여기서 바로 용암전망대 방향으로 하산하면 되는데, 이정표는 어찌 된 영문인지 우암전망대까지 다녀오도록 안내하고 있다.

전망대 가는 길에 독특한 수형의 소나무 한 그루가 서 있다. 나무줄기가 마치 용틀임하듯 원을 만든 후 하늘로 솟구친다. 그래서 '용솔'이라고 부른다. 전망대에 도착하면 왜 여기까지 왕복해야 하는지 단번에 알게 된다. 전망대라는 이름이 무색하지만, 발아래 풍경만큼은 비현실적일 만큼 빼어나다. 낭도, 개도, 금오도 등 수많은 섬들이 여수반도와 고흥반도 앞바다에 흩뿌리듯 펼쳐져 있다. 막 금어기가 풀린 문어잡이 배들이 섬과 섬 사이를 미끄러지듯 빠져나온다.

우미산과 우각산 사이에
자리 잡은 간천마을

우주발사체를 닮은 전망대

중앙삼거리부터는 하산길이다. 조금씩 고도를 낮춰가며 내려간다. 물기를 흠뻑 머금은 숲속이 길게 이어진다. 졸졸 시냇물 소리와 새소리 외에 그 어떤 소리도 없는 침묵의 길이다. 이름 모를 야생화와 고사리가 나무 사이에 부끄럽게 피어있다. 비 맞은 소나무 향이 진동한다.

숲을 빠져나오니 해안도로다. 지척에 고흥우주발사전망대가 있지만, 길은 몽돌 해변으로 우회한다. 몽돌 해변으로 내려가는 길 좌측으로 논이 층층 계단으로 자리하고 있다. 곤내들 다랑이논이다. 지금은 대부분 묵혀두었지만, 얼마 전까지만 하더라도 벼이삭이 가득했다. 한 뼘 논이라도 허투루 하지 않고 논을 갈고 모를 심었다. 고단한 노동은 남쪽에서 불어오는 바닷바람이 식혀 주었다.

몽돌 해변은 물결을 타며 소리를 낸다. 해변 끝자락에 사자처럼 생긴 바위가 포효하듯 서 있다. 공식

명칭은 '사자바위'이지만, 주민들은 '선돌'이라고 부른다. 선돌 앞에서 저마다의 소원을 빌었다. 재물보다 바다로 나간 이들의 안녕을 빌었다. 몽돌 해변 끝에서 고흥우주발사전망대까지 오르막 구간이다. 미르마루길로 부르는 해안길이다. 용(龍)의 순우리말인 '미르'와 하늘의 순우리말인 '마루'를 합쳐 만든 이름이다. 오르막 구간이지만 바다가 지척이라 파도 소리가 발걸음을 북돋운다.

우미산 전망대에서 바라본 다도해 전경

지하 1층, 지상 7층 규모의 고흥우주발사전망대는 우주발사체를 빼닮았다. 나로도에서 발사하는 로켓 발사 광경을 한눈에 볼 수 있는 곳에 만든 전망대여서 그 형태를 본떠 만들었다. 우주로 날아간다는 것은 도대체 어떤 의미일까? 칼 세이건은 우주의 기원을 밝혀내는 일은 인간 존재의 근원과 관계된 인간 정체성의 근본 문제를 다루는 일과 같다고 말한다. 우주는 생명의 기원이다.

곤내들에서 바라본 우주발사전망대와 사자바위

남해안 서핑의 명소, 남열 해돋이 해수욕장

우주발사전망대 아래에 모래 해변이 길게 펼쳐져 있다. 남열 해돋이 해수욕장이다. 최근 들어 서핑으로 알려졌지만, 아직 사람 손을 덜 타 해변이 깨끗하고 호젓하다. 해돋이 풍경, 깨끗한 모래톱, 울창한 소나무 숲 등 어디에 견주어도 손색이 없다. 먼바다에서 밀려오는 파도를 타느라 다들 정신이 없다. 소나무 숲 캠핑장에서 바라보는 별빛도 찬란하다.

해수욕장을 지나 고갯마루를 넘으면 남열마을로 들어선다. 우미산을 등지고 바다를 향해 자리 잡아 한눈에 봐도 터가 온화하다. 남열마을 안길을 거쳐 바닷가 쪽으로 나오면 철갑을 두른 소나무 세 그루와 정자 쉼터가 길손을 맞는다. 소나무 아래 평상에 누워 여름 더위를 피하고 계신 마을 할머니가 어디서 왔냐고 묻는다.

남열 해돋이 해수욕장은 아직 사람 손이 덜 타 해변이 깨끗하고 호젓하다.

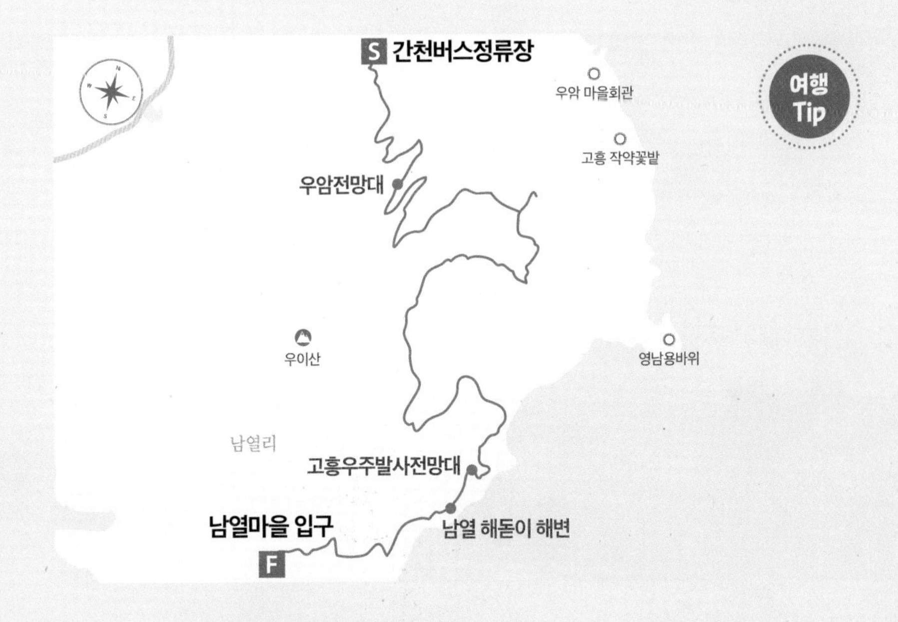

코스	고흥 간천버스정류장 → 우암전망대 → 몽돌 해변 → 고흥우주발사전망대 → 남열 해돋이 해변 → 고흥 남열마을 입구
거리	11.2km
시간	5시간 30분
난이도	어려움
교통	**시점** : 과역버스터미널 과역~남열 버스 이용, 간천 하차 **종점** : 과역버스터미널에서 과역~용암 버스 이용, 남열 하차
추천	고흥우주발사전망대에 들러 탁 트인 다도해 경관을 감상하며 잠시 쉬었다 가면 좋다. 성인 기준 입장료 2,000원
주의	중간에 식당이나 상점이 전혀 없다. 요기할 거리를 미리 준비해야 한다. 고흥읍에도 간천마을이 있으니 주의해야 한다.
먹거리	주변에 먹거리가 없다. 종점지인 남열마을에 기사식당이 있다.
편의시설	고흥우주발사전망대, 남열 해돋이 해수욕장 캠핑장

은빛 물결로 번쩍거리는 동양의 나폴리

보성 율포 해수욕장에서 길은 시작된다. 해변의 모래는 곱고, 바다는 호수처럼 잔잔하다.
물이 들고 날 때마다 풍경이 바뀐다. 바다 건너 동쪽으로 고흥반도가,
남쪽으로는 완도의 섬들이 득량만을 호위하고 있다.
_ 윤정준

남파랑길 78코스는 득량만을 따라 전남 보성에서 장흥으로 이어진다. 득량만(得糧灣)은 육지부인 장흥, 보성과 고흥반도 사이에 깊이 피고든 만이다. 완도 쪽에서 바닷물을 따라 들어온 고기들이 청정해역 득량만에서 산란하고, 다시 큰 바다로 나간다. 득량 바다는 물의 흐름에 순응하면서 수많은 바다 생물을 키워낸다. 이 일대 주민들은 생계 대부분을 득량 바다와 갯벌에 의지했다.

보성 율포 해수욕장에서 길은 시작된다. 해변의 모래는 곱고, 바다는 호수처럼 잔잔하다. 물이 들고 날 때마다 풍경이 바뀐다. 바다 건너 동쪽으로 고흥반도가, 남쪽으로는 금당도 등 완도의 섬들이 득량만을 호위하고 있다. 율포 해수욕장 건너편이 명교 해수욕장이다. 명교 해변에 물이 빠지고 갯벌이 그 모습을 드러내면 맨손 어업이 시작된다. 주민 한 분이 부지런히 뻘을 파서 뭔가를 양동이에 담는다. 민물장어용 미끼를 잡는 중이란다. 자연산 민물장어는 부르는 게 값일 만큼 귀하

보성군 서쪽 끝에 위치한 군학마을은 이순신 장군과 관련이 깊다.

다. 민물 하천이 바닷물과 섞이는 어디쯤엔가 미끼를 놓을 것이다.

회천생태공원을 지나 운교(雲橋)을 건너 좌측 제방으로 길을 잡는다. 여기서부터 군학마을까지 길은 밋밋하다. 보성군 서쪽 끝에 위치한 군학(群鶴)마을은 이순신과 관련이 깊다. 정유재란이 한창이던 1597년 8월 17일 삼도수군통제사 이순신 장군이 군수 물자를 배에 싣고 바다로 출항한 곳이 군학마을이다. 괴멸 직전이었던 수군의 재건을 위해 기반을 마련한 곳이 바로 여기다. 군학마을에서 수군 재건의 기반을 마련하지 못했다면 조선은 거기서 운명을 다했을 지 모른다. 마을은 득량만을 바라보며 해안도로 위쪽에 옹기종기 자리하고 있다. 마을 앞 기름진 갯벌에서 나오는 바지락은 군학마을의 주요 수입원이다.

동양의 나폴리, 키조개 고장 수문리

군학 해변을 지나 차도를 따라 고갯마루를 넘으면 장흥군 안양면 수문리로 접어든다. 수문리 해변에 백사장이 드넓게 펼쳐져 있다. 장흥 유일의 해수욕장이다. 일제강점기 때 소록도행 배를 기다리다가 더위에 지친 나환자들이 이곳에서 몸을 씻고 병이 완치되어 해수욕장으로 만들었다는 이야기가 전한다. 이 근처에서 태어나 어린 시절을 보낸 한승원 작가는 "은빛으로 번쩍거렸고, 금빛 칠을 해 놓은 것 같은 수문리는 동양의 나폴리"라고 노래했다.

장흥 수문리 바다는 키조개로 유명하다.

우리나라에서 처음으로 키조개를 양식한 곳이 수문리 앞 바다다. 전국 생산량의 70~80%를 차지한다. 말이 양식이지 종패만 사람이 심고, 나머지는 바다가 알아서 한다. 종패 이식 2~4년 후 키조개가 다 자라면, 잠수부들이 건져 올리기만 할 뿐이다. 봄철 키조개 알이 꽉 찰 때, 육즙 가득한 한우와 향긋한 표고버섯까지 더하면 그 오묘한 맛에서 빠져나오기 힘들다. 키조개의 고장답게 수협 건물 앞에 키조개 모형이 높이 서 있고, 해변 곳곳에 바지락과 키조개 음식점들이 즐비하다. 수문항 남쪽 선착장을 지나면 갯골이 드러난 득량만이 넓게 펼쳐지고, 저멀리 득량도가 우뚝 솟아있다.

여다지 해변 모래언덕에 꽃핀 문학

수문리를 벗어나 사촌리(沙村里) 여다지 해변에 닿는다. 여다지 해변에서 바라보는 석양은 숨이 멎을 정도로 아름답다. 바다를 열고 닫는다는 뜻의 여다지 해변 모래언덕에 장흥 출신인 한승원 작가의 이름을 딴 한승원문학산책길이 조성돼 있다. 약 600m 거리에 20m 간격으로 한승원 작가의 시비 30기가 길을 따라 이어진다. 득량 바다에 대한 헌사로 가득하다.

1939년 장흥에서 태어난 한승원은 한국을 대표하는 시인이자 소설가다. 국내 최초이자 아시아 여성 최초로 노벨문학상을 수상한 한강 작가의 아버지이기도 하다. 『내 고향 남쪽바다』, 『해변의 길손』, 『해산 가는 길』 등 유독 바다를 배경으로 하는 글을 많이 썼다. 팔순을 훌쩍 넘긴 나이에 마지막 진술이 될지 모른다며 쓴 첫 자전적 에세이 『산돌키우기』에서 "학교 시절에 창문 밖 바다를 바라보며 수천 수만의 물고기들이 떠올라 퍼덕거리는 듯싶었다. 그 번쩍거리는 것들이 나의 영혼을 사로잡았다"고 썼다. 한승원 작가에게 득량 바다는 단순한 고향이 아니라 세포 하나하나에 각인된 DNA 같은 것이었으리라.

바다로의 이탈을 방지하는 무지개색 도로 경계석을 지나면, 장재도를 정면에 두고 오른편 사촌마을로 길은 이어진다. 마을 안길에 고추 내가 진동한다. 농가에

여다지 해변을 따라
한승원 문학시비가 서 있다.

안양면 들판은 간척사업으로 만든 농지다.

서 빨갛게 익은 고추를 말리느라 여념이 없다. 장재도는 육지 속의 섬이다. 1957년에 제방을 쌓아 육지와 연결했다. 그런데 이 둑이 놓이면서 사촌마을 앞 갯벌은 시름시름 죽어갔다. 낙지와 주꾸미, 키조개, 꼬막 등의 생산량이 급감했다. 해수 유통을 위해 지난 2006년도에 제방 중심부 120m 정도를 파내고 대신 다리를 놓았다. 그 결과 퇴적층이 줄어들면서 갯벌이 되살아나기 시작했다.

사촌마을을 벗어나 갯벌을 따라 길게 이어지는 제방길 끝까지 간다. 제방 끝에는 시혜비가 세워져 있다. 방조제 공사를 도와준 천주교의 모든 은인에 대한 감사의 글이 적혀 있다. 사촌방조제를 빠져나와 팽나무와 정자 쉼터가 있는 작은 언덕을 넘어서면 해창(海倉)마을이다. 해창은 배에 실어 한양으로 보낼 세곡(稅穀) 따위를 쌓아 두었던 창고다. 해창마을을 지나 덕동방조제 우측 아래 농로를 따라 길은 이어진다. 물은 수로를 따라 장흥 바다로 흘러가고, 억새는 바람에 흔들린다.

제방을 따라 남상천을 거슬러 덕암마을로 향한다. 갈대만 바람에 가끔 흔들리고, 강물은 멈춘 듯 고요하다. 덕암마을을 거쳐 도로를 따라 벚나무 터널을 지나면 남파랑길 78코스 종점인 원등마을로 접어든다. 2백 살이 훌쩍 넘은 푸조나무 아래에서 땀을 식히며 출발지로 돌아갈 버스를 기다린다.

남상천을 거슬러 가면 덕암마을이
나온다. 강물이 멈춘 듯 고요하다.

코스	보성 율포 해수욕장 → 명교 해수욕장 → 회천생태공원 → 수문 해수욕장 → 해창마을 → 원등마을
거리	18.9km
시간	6시간 30분
난이도	쉬움
교통	**시점** : 보성버스터미널에서 보성~천포, 보성~수문 버스 이용, 율포 하차 **종점** : 장흥버스터미널에서 방흥~관산 버스 이용, 원등마을 하차
추천	보성 율포 해변과 장흥 수문 해변에 힐링할 수 있는 스파가 있다. 여행 중에 이용하면 좋다.
주의	중간에 차도를 따라 걷는 경우가 있으니 안전에 유의해야 한다.
먹거리	생선회, 낙지탕탕이, 키조개 삼합, 바지락비빔밥 등 득량만에서 생산한 수산물로 만든 먹거리가 풍부하다.
편의시설	율포해수녹차센터, 다향울림촌, 안단테스파리조트

다산 거닐던 백련사 숲길에 동백꽃 피고 지고

백련사 동백 숲은 천연기념물로 지정할 만큼 규모가 크고 아름답다. 동백꽃이 피고 지는 날엔 온통 핏빛이다. 백련사와 다산초당을 이어주는 숲길은 남파랑길의 백미로, 다산은 이 길을 통해 수시로 백련사를 찾았다.
_ 윤정준

茶山艸堂

"국토의 최남단, 전라남도 강진과 해남을 『나의 문화유산답사기』 제1장 제1절로 삼은 것은 결코 무작위의 선택이 아니다."

- 유홍준의 『나의 문화유산답사기』 중에서

마량에서 강진만을 따라 북상하여 강진 깊숙이 들어온 남파랑길은 구목리교를 건너 다시 남쪽으로 향한다. 1930년대 일제가 간척사업을 하기 전만 하더라도 강진만은 지금보다 훨씬 넓었다. 강진읍을 비롯해 강진만 주변 산 아래까지 바닷물

강진만은 물이 맑고 먹이가 풍부해 큰고니를 비롯해 수많은 철새가 찾는다.

백련사.
이광사가 '대웅보전'이라는
편액을 썼다.

이 들어찼다. 밀물 때는 다산초당이 있는 도암면 만덕리 귤동마을 앞까지 바닷물이 일렁거렸다. 당시 정약용은 만덕산 위에서 그 바다를 바라보며 고향을 그리워했다.

모든 생명을 품은 강진만

강진만 생태공원 습지 사이 데크길을 사각사각 걷는다. 게는 사람 소리에 놀라 뻘 구멍에 몸을 숨기고, 망둥어는 죽은 체한다. 큰고니와 도요새들은 짐짓 모른 체하다가 가까워지면 일정 거리 밖으로 날아간다. 민물과 짠물이 만나는 강진만 기수역에는 1,130여 종이나 되는 다양한 생물이 살아간다. 물이 맑고 먹이가 풍부해 큰고니를 비롯해 수많은 철새들이 강진만을 찾는다.

생태공원 갈대숲을 빠져나오면 제방을 따라 '전라도 천년가로수길'이 길게 이어진다. 전라도라는 지명이 생긴 지 천 년을 기념해 만든 길이다. 길옆 갯벌을 따라 다양한 종류의 새들이 먹잇감을 찾아 두리번거린다.

천년가로수길 초입부에 남포마을이 있다. 한양에서 제주를 갈 때, 이곳 남포마을까지 걸어와 배를 탔다. 남포에서 출발한 배는 추자도를 거쳐 제주로 갔다. 잦은 왕래로 남포마을과 추자도의 인연은 깊어졌다. 추자도 처녀들이 마을로 시집을 왔고, 추자도 멸치로 젓을 담갔다. 이런 연유로 오래전부터 남포마을에서 멸치젓을 생산해서 전국으로 내다 팔았다. 지금은 추자도 멸치가 아니라 남해에서 가져온 멸치로 젓을 담지만, 생산 방식만은 옛 그대로다.

다산초당과 백련사 이어주던 동백 숲길

천년가로수길을 빠져나와 덕남항을 거쳐 백련사로 향한다. 덕남항에는 쉼터가 마련돼 있어 쉬었다 가기에 좋다. 신평마을을 거쳐 아스팔트 도로를 따라 약간 숨찰 듯 오르면 백련사 일주문에 당도한다.

남파랑길은 백련사 본당을 거치지 않고, 동백 숲길을 지나 곧장 다산초당으로 향한다. 백련사 동백 숲은 천연기념물로 지정해 보호할 만큼 규모가 크고 아름답다. 동백꽃이 피고 지는 날엔 백련사 숲은 온통 핏빛이다. 백련사와 다산초당을 이어주는 숲길은 남파랑길의 백미로, 다산은 이 길을 통해 수시로 백련사를 찾았다. 당시 백련사의 학승이었던 혜장선사와 차를 마시며 유배의 외로움을 달랬으리라. 백련사에는 두 명의 명필이 쓴 필체가 남아있다. 하나는 조선의 명필인 원교 이광사(1705~1777)가 쓴 '대웅보전(大雄寶殿)' 편액이고, 또 하나는 신라시대에 해동서성(海東書聖)으로 추앙받던 김생(711~791)이 쓴 '만덕산백련사(萬德山白蓮社)'라는 글씨다. 1,200년간 무수한 것들이 사라졌으나, 목판에 새긴 여섯 자 글씨는 그대로 남았다.

다산초당에서 정약용은 유배 생활 18년 중 10년을 살았다. 여기서 500여 권의 책을 썼고, 열여덟 제자를 가르쳤다. 혜장선사, 초의선사 등과 교류하며 차를 즐겼

석문공원 구름다리. 석문산과 만덕산을 이어준다.

다. 그는 호를 다산(茶山)이라 했을 정도로 차를 좋아했다. 정약용은 삼남대로를 따라 남도로 유배를 왔다. 한양에서 천안, 전주, 나주, 영암을 거쳐 강진으로 온 것이다. 나주 율정에서 형 정약전과 이별했다. 정약전은 흑산도에서 세상을 떠났고, 정약용은 다시 이 길을 따라 한양으로 살아 돌아갔다. 바로 이 루트가 정약용의 남도유배길이다.

만덕산과 석문산은 두륜산으로 이어지고

다산초당에서 정호승 시인이 '뿌리의 길'이라고 명명한 숲길을 따라 내려와 고개를 넘으면 마점마을이다. 마점마을에서 석문공원까지는 숲길을 따라간다. 산은 얕지만, 숲은 의외로 깊다. 하지만 대부분의 구간이 산자락을 타고 가기 때문에 평탄하다. 이 구간은 남도명품길 중 '인연의 길' 코스이기도 하다.

숲길을 벗어나면 석문공원이다. 석문공원 계곡물에 잠시 땀을 식힌 뒤, 도로 위 구름다리로 오른다. 구름다리로 이어진 만덕산과 석문산 능선은 해남 두륜산을 거쳐 달마산에 이른다. 남도의 산줄기가 병풍처럼 길게 이어져 마을과 경작지를 호위한다.

구름다리에서 조망하는 석문산의 경관은 빼어나다. 협곡 사이로 불쑥 솟은 양그 위세가 당당하다. 바위산 특유의 질감 탓인지 높이에 비해 웅장하다. 석문산 등산로를 따라 도암면 방향으로 하산하면 너른 들녘에 벼가 제법 자라 바람에 흔들린다. 석문산을 뒷배경으로 둔 너른 마당의 집에는 도대체 누가 깃들어 살까? 도암중학교 앞을 지나 장촌교를 건너면 도암면 소재지에 닿는다.

코스	강진읍 구목리교 서쪽 → 강진만 생태공원 → 백련사 → 다산초당 → 마점마을 → 석문공원 → 도암농협
거리	18km
시간	6시간 30분
난이도	보통
교통	**시점** : 강진버스터미널에서 13-2번 버스 이용, 파머스마켓 하차 **종점** : 강진버스터미널에서 90-2번 버스 이용, 도암 하차
추천	다산초당 아래에 다산박물관이 있다. 다산 정약용과 관련한 전시 콘텐츠가 다양하다.
주의	조류독감 발생 시기에는 강진만 생태공원 갈대숲 사이 데크길을 이용할 수 없다.
먹거리	강진 읍내에 바지락비빔밥, 남도정식 등을 잘하는 식당이 여럿 있다. 다산초당 입구와 종점지인 도암면 소재지에 남도백반집이 있다.
편의시설	강진군 생태공원 홍보관, 석문공원

산맥의 수려함과 바다의 푸르름을 품다

산맥의 수려함과 바다의 푸르름을 함께 품은 섬 완도는 상왕봉을 중심으로 여러 산이 섬의 중앙을 차지하고 있다. 마을은 해안 따라 자연스럽게 형성되었다. 청정한 숲과 빼어난 산세, 완도대교 앞 바다까지 완벽한 치유의 길이다.

_ 조송희

정현종 시인은 '사람들 사이에 섬이 있다'고 했다. 시인이 가고 싶었던 섬은 단절인 동시에 그리움이다. 섬은 연결과 회복의 상징이기도 하다.

지질시대, 완도는 소백산맥의 지맥인 해안산맥의 끝부분이었다. 육지였던 이 땅은 후빙기(後氷期)의 해수면 상승으로 침수되어 섬이 되었다. 완도는 오랫동안 배로만 오갈 수 있는 신비의 땅이었다. 이 섬은 1968년 완도교가 완공되면서 다시 육지와 이어졌다. 1985년에는 해남군 북평면 남창리와 연결되는 완도대교가 생겼다. 푸른 섬 완도는 이제 누구나 쉽게 오갈 수 있는 치유의 섬이 되었다.

화왕산으로 이어지는 청정한 숲길

남파랑길 88코스는 완도의 진산인 상왕봉과 완도수목원을 거쳐 완도대교까지 걷는다. 산맥의 수려함과 바다의 푸르름을 함께 품은 섬 완도는 주봉인 상왕봉을 중심으로 여러 산들이 섬의 중앙을 차지하고 있다. 마을은 해안을 따라 자연스럽게 형성되었다. 남파랑길 88코스는 완도의 깊고 청정한 숲과 빼어난 산세, 완도대교 앞 바다까지 그야말로 완도의 속살을 볼 수 있는 길이다.

길은 화흥초등학교에서 시작한다. 완도버스터미널에서 남창(서부)으로 가는 버스를 타고 부흥리에서 하차하면 고즈넉한 시골마을에 자리 잡은 화흥초등학교가 보인다. 군내버스 요금은 공짜다. 완도군 사람이건 외지 사람이건 가리지 않는

화왕산으로 이어지는 임도가 청정하고 그윽하다.

상왕봉은 완도의 크고 작은 섬
200여 개를 거느린 노령의 최고봉이다.

다. 걷는 사람들은 대부분 군내버스를 이용한다. 기사님은 친절하고 버스를 이용하는 군민들도 다정하다.

마을을 지나 화왕산으로 이어지는 숲길은 청정하고 그윽하다. 아름드리 편백나무 숲에선 딱따구리가 울고, 간간이 뻐꾸기가 장단을 맞춘다. 코끝에 진하게 감기는 아카시아 향기, 문득 걸음을 멈춘다. 숲 향기가 몸에 스민다. 단순한 스티커와 리본으로만 표시된 남파랑길 스티커는 과하지도 부족하지도 않게 설치되어 있다. 자연의 경관은 해치지 않으면서 있어야 할 곳에서는 여지없이 나타나 팔랑거리는 리본과 빨강 파랑 화살표가 걷는 사람에겐 얼마나 의지가 되는지.

끊어질 듯 다시 이어지는 섬과 섬들

상왕봉(644m)까지 오르는 길은 만만치 않다. 해수면에서부터 치고 오르기 때문이다. 섬의 산들은 낮아도 높다. 산길을 돌고 돌아 숨이 턱에까지 차오를 무렵, 키 작은 동백나무가 빽빽이 들어찬 상왕봉이 나타난다. 상왕봉은 완도의 크고 작은 섬 200여 개를 거느린 노령의 최고봉이다. 상왕봉 정상에서 바라보는 남해안의 섬들은 아련하고 눈부시다. 어깨를 서로 맞대고 끊어질 듯 끊어질 듯 다시 이어지는 무인도와 유인도들…. 섬은 바다의 산맥이자 근육이다. 섬이 있어서 바다는 비로소 바다다운 생명력을 가진다.

상왕봉부터는 내리막이다. 길은 완도수목원으로 이어지고 숲은 더 다채로워진

완도수목원의 아열대 온실에는 이국적 정취가 가득한 600여 종의 다양한 아열대 식물이 자라고 있다.

다. 완도수목원은 대한민국에서 유일한 난대(暖帶) 수목원이자 상록 활엽수로는 세계 최대의 난대림 자생지다. 동백나무, 구실잣밤나무, 감탕나무, 후박나무 등 조경 및 식용, 약용으로 가치가 높은 상록 활엽 자생수림이 2,000여ha에 분포하여 자라고 있다. 식물자원의 보고인 완도수목원은 완도의 자존심이자 자랑이기도 하다.

숲을 벗어나 마을길로 들어서면 멀지 않은 곳에 완도대교가 보인다. 갯벌에 나란히 뱃머리를 마주 대고 쉬는 작은 배들과 비릿한 바다 냄새. 드디어 길의 마지막 지점이다. 대교 근처에 있는 원동버스터미널에서 해남으로 가는 버스표를 끊었다. 하오의 햇살이 완도대교를 환하게 비추고 있다. 섬에서 다리로 이어진 길은 해남과 강진, 광주를 거쳐 멀리멀리 섬의 사람들을 데려갈 것이다.

원동리 앞바다.
한적한 포구, 해남과 완도를
잇는 완도대교가 보인다.

남파랑길 코스의 마지막 지점에
있는 완도쉼터. 숙박과 취사가
가능하고 마을에서 운영하는
어촌 프로그램에 참여할 수 있다.

코스	완도 화흥초등학교 → 상왕봉 → 완도수목원 → 원동버스터미널
거리	15.3km
시간	7시간 30분
난이도	어려움
교통	**시점** : 완도버스터미널에서 남창행 버스 이용, 부흥리 하차 **종점** : 완도원동버스터미널(완도대교 근처)
주의	❶ 등산로가 포함되어 난이도가 높다. 길 중간에 편의시설이 없으니 물, 간식 등을 미리 준비해야 한다 ❷ 대중교통 이용 시 버스 배차시간을 꼭 확인해야 한다. ❸ 역방향으로 걸을 경우, 수목원 입장료가 필요하다. 난이도도 조금 더 높다.
먹거리	완도는 김, 미역, 톳 등의 해산물이 풍부하다. 특히 전복은 국내에서 생산되는 전복의 70~80%를 차지한다. 해초전복비빔밥, 전복죽, 전복물회, 전복덮밥, 전복백반 등 다양한 전복 요리가 유명하다.
편의시설	시점과 경로에 식당, 숙박업소 등이 없다. 종점인 완도대교 근처에 몇 개의 식당과 편의점이 있고 남파랑쉼터가 있다.

‘국토 순례 1번지’ 땅끝에서 희망을 찾다

‘땅끝’은 또한 ‘땅의 머리’다. 땅끝은 서해와 남해가 만나는 바다이기도 하다. 땅끝은 바다를 향해 무한대로 열려 있다. 땅끝에 단단히 두 발을 딛고 서 있으면 어떤 절망이 오더라도 다시 시작할 수 있을 것 같다.

_ 조송희

땅끝전망대에 오르면
진도에서 완도까지 서남해의 풍경이
파노라마로 펼쳐진다. 땅끝마을에서
모노레일을 타도 된다.

북위 34°17′27″, 동경 126°31′22″, 해남 땅끝의 좌표다. 해남은 한반도의 최남단에 자리 잡은 멀고 먼 땅이다.

"땅끝으로 가는 길은 오갈 데 없는 절망의 벼랑처럼 상상하기 십상이지만 실제로는 우리나라에서 두 번째로 아름다운 산경(山景) 야경(野景) 해경(海景)을 보여준다." 유홍준 전 문화재청장이 『나의 문화유산 답사기』에서 한 말이다. 해남은 국토의 땅끝이라는 의미와 함께 빼어난 경관과 문화유산으로 사람들을 매혹한다.

'땅끝'은 또한 '땅의 머리'다. 암울한 과거를 털어버리고 새 출발을 하고 싶은 사람들이 땅끝에 와서 희망을 찾았다. 1980년대 김지하 시인 등 문학인과 역사학자들도 땅끝을 소개했다. 땅끝은 민족문화의 상징이 되었다. 국토의 시작점인 땅끝에서 수많은 단체들이 국토 순례를 시작하거나 마무리했다. 오랫동안 변방의 오지마을이었던 땅끝은 시작과 희망의 상징, '국토순례 1번지'가 되었다.

천년고찰 미황사와 명품 숲길 달마고도

남파랑길 90코스는 미황사에서 출발해 달마고도와 땅끝전망대를 거쳐 국토의

땅끝마을의 아름다운 절, 미황사의 겨울 풍경(보수공사 전)

최남단 땅끝탑까지 걷는다. 이 코스는 부산 오륙도 해맞이공원에서 시작한 남파랑길의 종점이자 서해랑길의 시작점이기도 하다.

미황사는 공룡의 등뼈 같은 달마산(489m) 바위 봉우리들을 병풍처럼 두르고 있는 천년고찰이다. 몇 해 전 맑고 당당한 이 절집에서 8일 동안 묵언수행을 했다. 최소한의 식사로 몸을 맑게 하고, 새벽과 저녁예불에 참례하고, 점심 공양 후에는 오후 수행을 시작할 때까지 달마고도를 걸었다. 저녁 예불이 끝난 후 응진당 앞마당에서 다도해를 핏빛으로 물들이는 낙조를 보는 날들이 참 좋았다. 매월당 김시습이 '동해 일출은 낙산사, 서해 일몰은 미황사'라고 할 만큼 미황사의 낙조는 아름답다.

새벽 4시, 목탁 소리에 잠이 깼다. 밖은 아직 어둡다. 이부자리 속에서 목탁 소리를 이어받은 범종 소리가 길게 길게 울리는 소리를 들었다. 미황사는 지금 대웅보전을 보수하는 중이다. 간이건물이 절집의 앞마당과 달마산을 다 가리고 있다. 고색창연한 미황사의 대웅보전을 볼 수 없어서 아쉬웠지만 머지않은 날 보수공사도

천년의 역사를 간직한 달마고도는 '구도의 길'이며 '삶의 길'이다.

한반도 땅의 끝이자 시작 지점을 알리는 세모꼴 땅끝탑이 우뚝 서 있고, 스카이워크가 바다 향해 나 있다.

끝날 것이다. 6시에 아침 공양을 하고 길을 나섰다. 길은 미황사의 오른쪽 옆구리를 지나 달마고도로 이어진다.

미황사에서 출발해 미황사로 돌아오는 달마고도는 다도해의 절경을 바라보면서 달마산의 7부 능선을 걷는 17.74km의 둘레길이다. 달마고도는 달마산 중턱에 자리 잡은 12개의 암자를 걷는 '구도의 길'이며 땅끝마을 옛사람들이 장에 다니던 '삶의 길'이다. 달마고도를 만들 때 천년의 역사를 간직한 숲길을 훼손하지 않기 위해 중장비를 사용하지 않았다. 산과 호미, 곡괭이 등 순수한 사람들의 노동으로 조성된 길은 숲인 듯 길인 듯 경계가 없다. 사람들은 이 길을 '명품 숲길'이라고 부른다.

남파랑길 90코스는 달마고도에서도 가장 아름다운 땅끝천년숲옛길의 일부 구간으로 노선에서 약간 벗어나 도솔암으로 걸음을 옮긴다. 달마산의 절벽 위에 석축을 쌓아 만든 도솔암은 차안(此岸)인지 피안(彼岸)인지 구분이 안 되는 선경이다. 도솔암으로 오르는 길은 가파르다. 게다가 갔던 길을 되짚어 내려와야 한다. 도솔암은 여유를 가지고 천천히 둘러보아야 하는 암자다. 체력이나 시간이 허락하지 않으면 다음을 기약하고 코스에 집중하는 것도 괜찮다. 이른 아침, 달마고도의 편백나무 숲은 빛으로 가득 차 있다. 길이 처음 만들어졌을 때보다 숲 향기는 더 진해졌고, 나무 그림자는 더 깊어졌다. 조릿대 잎들은 짙은 초록으로 반들거린다. 건강하고 아름다운 숲이다.

여기는 땅끝, 한반도의 시작

달마고도를 벗어나 땅끝전망대까지 이어지는 땅끝천년숲옛길은 굽이굽이 산길이다. 한 고개 넘었나 싶으면 또 산이고, 이제 끝인가 싶으면 또 숲이다. 국토의 끝을 향해 뚜벅뚜벅 온전히 두 발로 걸어서 간다는 실감을 온몸으로 느낀다. 땅끝전망대에서 땅끝탑까지는 약 300m를 다시 내려가야 한다.

'여기는 땅끝, 한반도의 시작' 땅끝비 앞에 새겨진 글이다. 가슴이 뭉클하다. 마침내 땅끝이다. 남파랑길 90코스, 길고 긴 여정의 끝이고, 서해랑길 1코스가 새롭게 시작되는 지점이다. 땅끝은 서해와 남해가 만나는 바다이기도 하다. 땅끝은 바다를 향해 무한대로 열려 있다. 땅끝에 단단히 두 발을 딛고 서 있으면 어떤 절망이 오더라도 다시 시작할 수 있을 것 같다.

땅끝마을 바다 풍경. 짙푸른 바다 위에 보길도를 오가는 배와 고기잡이배가 떠 있다.

코스	해남 미황사 천왕문 → 몰고리재 → 땅끝전망대 → 땅끝탑
거리	13.9km
시간	7시간
난이도	어려움
교통	**시점** : 해남버스터미널에서 265번 버스 이용, 미황사 하차(배차시간 확인 필수) **종점** : 해남종합버스터미널에서 농어촌버스 281번 이용, 땅끝마을 하차
주의	❶ 등산로가 포함되어 난이도가 높다. 중간에 편의시설이 없으니 물·간식·도시락 등의 준비가 필요하다. ❷ 가능하면 순방향으로 걸을 것. 역방향은 해수면에서 치고 오르기 때문에 더 힘들다.
편의시설	미황사에서 템플스테이 가능(예약 필수). 땅끝마을에 남파랑쉼터가 있고 편의점과 음식점 및 숙박업소도 다수 있다.

갯벌과 낙조를 바라보며 걷는

서해랑길

- 갯벌, 낙조 등 감성을 채우는 풍경을 따라 걷는 길
- 노을처럼 잔잔하고 모래알처럼 고운 추억이 피어나는 바다여행길
- 법성포, 채석강, 선운사, 태안반도 등 색다른 아름다움과 오래된 역사를 마주하는 길

추천 명품 코스

6코스	진도	56코스	서천
18코스	목포	62코스	보령
27코스	신안	70코스	태안
32코스	무안	64-3코스	서산
39코스	영광	91코스	안산
42코스	고창	93코스	시흥
47코스	부안	103코스	강화
54코스	군산		

명량 바다에서 호국의 기적을 떠올리다

진도대교 앞이다. 바람결에 비릿한 바다 냄새가 훅 묻어온다.
강처럼 좁지만 짙푸르고 거친 바다가 눈앞에 있다.
진도군 군내면 녹진리, 이 무심하고 아름다운 바다가 명량대첩의 승전고를 울린 울돌목이다.
_ 조송희

'신에게는 아직도 12척의 배가 있습니다.'

정유재란 당시 백의종군에서 삼도수군통제사로 돌아온 이순신 장군이 선조께 올린 장계 중 일부다. 1597년 9월 16일, 이순신 장군이 이끄는 조선 수군은 13척의 배로 133척의 일본 군함을 물리치는 기적의 승리를 했다. 세계 해전사에서도 유례가 없는 명량대첩(鳴梁大捷)이다. 이 전투로 조선은 일본군에게 빼앗겼던 해상권을 다시 장악하고 백척간두에 있던 나라를 구했다.

명량은 진도의 동부 해안과 해남 화원반도 사이에 있는 해협이다. 순우리말로 울돌목이라고 부르는 명량은 거센 물길이 암초에 부딪치는 소리가 마치 바다가 우는 것 같다고 붙여진 이름이다.

명량대첩의 현장, 울돌목

진도공용터미널에서 첫차를 타고 녹진 정류장에서 내렸다. 진도대교 앞이다. 바람결에 비릿한 바다 냄새가 훅 묻어온다. 강처럼 좁지만 짙푸르고 거친 바다가 눈앞에 있다. 바다 건너 해남 풍경이 손에 잡힐 듯 보인다. 해남에서 진도대교를 건너 진도 땅에 첫발을 내딛는 곳도 바로 여기다. 진도군 군내면 녹진리, 이 무심하고 아름다운 바다가 명량대첩의 승전고를 울린 울돌목이다. 이곳에 진도 관광의 랜드마크인 녹진국민관광단지가 있다.

서해랑길 6코스는 녹진관광단지에서 출발해 진도타워와 벽파진을 지나고 용장성까지 걷는 길이다. 녹진관광단지는 명량대첩의 현장으로 호국의 성지다. 이곳에는 명량대전 승전광장과 해상에너지공원이 조성되어 있고, 울돌목 물살체험장과 판옥선 등이 전시되어 있다. 산책하듯 천천히 둘러보면 명량해전의 역사적 의미와 당시 긴박했던 상황을 조금이나마 가늠해볼 수 있다.

녹진관광단지에서 진도타워로 가는 길은 800m 정도, 만만치 않은 오르막이다. 망금산 정상에 있는 진도타워는 명량대첩을 승리로 이끈 이순신 장군과 조선의 수군, 진도군민들의 호국정신을 기념하기 위해 세워졌다. 맑은 날 진도타워에 오르면 진도 전체를 사방으로 볼 수 있는 것은 물론 영암 월출산, 해남 두륜산까지 조망할 수 있다. 역사의 현장인 울돌목을 케이블카로 건너며 두 눈으로 생생하게 확인하는 명량 해상케이블카 탑승도 가능하고, 카페테리아에서 차 한잔 마시며 명량의 바다를 온전히 누려도 좋다.

진도의 바닷길 관문, 벽파진

벽파진으로 가는 길은 잔잔하고 평화로운 서해와 갯벌을 끼고 걷는 길이다. 수려한 경관을 자랑하는 갯벌습지보호지역은 다양한 수생 생물이 살고 있다. 새우 양식장의 둑방에는 찔레꽃이 하얗게 피어 있고 해풍을 맞고 자라는 진초록 채소들이 싱싱하고 무성하다. 갓 캐낸 양파들도 들판에 가득하다. 한겨울에도 영하로 내려가는 일이 드문 진도는 1년 내내 농사를 지을 수 있어 농사만으로도 자급자족할 수 있는 풍요의 땅이다.

진도대교가 육로로 가는 진도의 첫 관문이라면 벽파진은 진도의 바닷길 관문이다. 백제, 신라시대에는 일본 및 중국의 교역로였으며 오랫동안 군사적 요충지였다. 지금도 이곳은 목포, 완도, 제주를 연결하는 여객선의 기착지 역할을 하고 있다. 벽파진은 울돌목의 길목으로 명량대첩의 또 다른 현장이다. 이순신 장군은 벽파진에서 16일 동안 머물면서 칠천량해전에서 인수한 12척의 배와 이후 수리한 배 1척으로 전열을 가다듬었고 명량해전을 승리로 이끌었다. '죽고자 하면 살 것이고 살고자 하면 죽을 것이다.' 필사즉생 필생즉사(必死則生 必生則死), 명량해전을 앞둔 이순신 장군의 그 유명한 어록이다. 벽파진 언덕에는 '이충무공벽파진전첩비'가 높이 솟아있다.

삼별초의 도읍지, 용장성

벽파진에서 연동마을을 지나 용장성으로 가는 길은 다소 지루한 산길이지만 삼

진도타워에서 본 풍경.
진도 전체와 영암 월출산,
해남 두륜산까지 조망할 수 있다.

둔전 방조제. 군내면 신동리와 고군면 오류리 사이의 습지를 잇는 길에 노란 봄꽃이 피었다.

수려한 경관을 자랑하는 진도갯벌습지보호지역은 다양한 수생 생물이 살고 있다.

별초호국역사탐방길과 겹친다. 용장성은 삼별초의 도읍이었다. 배중손이 이끌던 삼별초는 진도에 궁궐과 성을 쌓고 몽골 항쟁의 근거지로 삼았다. 고려 조정은 몽골과 연합하여 벽파진에서 삼별초를 총공격했다. 연합군의 양동작전에 삼별초는 크게 패했다. 살아남은 삼별초는 제주도로 퇴각했다. 지금은 용장산 기슭에 약간의 성벽이 부분적으로 남아있다.

용장산을 넘어 마침내 용장성에 도착했다. 배중손과 삼별초 군사들의 석상이 이곳이 대몽 역사의 근거지였음을 알려줄 뿐 햇살 가득한 성안에는 초록만 무성하다. 왠지 마음이 울컥해진다. 목숨을 바쳐 나라를 지키고자 했던 삼별초, 세월이 더 지나도 누군가는 그들을 기억하며 이 호국과 저항의 땅을 뚜벅뚜벅 걷고 있을 것이다.

진도의 바닷길 관문인 벽파진은 오랫동안 군사 요충지였다.

코스	진도 녹진관광단지(진도대교) → 진도타워 → 벽파진 → 용장성
거리	15.5km
시간	6시간
난이도	어려움
교통	**시점** : 진도녹진시외버스터미널에서 도보 600m **종점** : 진도공용터미널에서 농어촌 벽파~연동 버스 이용, 용장 하차 도보 730m
주의	녹진관광단지에서 벽파진까지는 편의점, 식당 등이 없다. 간식, 물 등 준비 필수
먹거리	전복, 김, 미역, 다시마 등이 유명하다.

낭만과 예술,
근대의 역사 속으로

목포는 낭만과 예술의 고장이며 근대 문화유산의 보고다.
목포를 걷는 것은 숱한 사연을 품은 항구의 노을빛 향기에 젖는 시간이다.
목포 앞바다에 점점이 뿌려진 크고 작은 섬들은 유난히 애틋하다.
_ 조송희

서울 용산에서 KTX를 타고 10시 20분, 목포역에 도착했다. 2시간 30분 거리다. 생각보다 가깝다. 호남선이 끝나고 서해안고속도로가 시작되는 목포는 전라도 서부지역 교통의 요충지다. 목포여객터미널에서는 제주도와 홍도를 포함한 60여 곳의 섬으로 여객선이 오간다. 배를 타고 내리는 사람들의 수많은 사연이 목포의 서정을 더한다.

서해랑길 18코스는 목포지방해양수산청에서 출발해 갓바위, 삼학도 유원지, 유달산 낙조대, 용해동 주민센터까지 항구도시 목포의 역사와 문화, 자연을 온전히 누리는 길이다. 영산강 하구를 지나온 물길은 목포지방해양수산청 인근에서 목포 앞바다로 흘러간다. 도시의 바다를 끼고 걷는 길은 편안하고 여유롭다. 사람도 많고 카페나 음식점 등 상가도 많다. 춤추는 바다분수까지 한달음에 걷는다. 춤추는 바다분수는 목포의 밤바다와 야경을 화려하게 수놓는 대표적인 관광 명소다.

예술이 넘치는 목포의 거리

갓바위부터는 목포의 문화와 예술을 누리는 구간이다. 바위가 삿갓을 쓴 사람의 형상을 닮아서 붙여진 이름인 갓바위는 2009년 천연기념물 제500호로 지정이 되었다. 갓바위 해상보행교는 바닷가를 산책하는 목포 사람들과 여행자들로 늘

목포지방해양수산청을 지나면
목포 앞 바닷길로 향하는
작은 다리가 있다.

삿갓을 쓴 사람 모양의 갓바위 해상보행교는 산책하는 지역 주민들과 여행자로 늘 붐빈다.

목포문학관은 소설가 박화성, 극작가 김우진과 차범석, 문학평론가 김현의 삶과 문학세계를 엿볼 수 있는 복합 문학관이다.

붐빈다. 길은 목포 앞바다를 내려다보는 언덕 위에 자리 잡은 목포문학관으로 이어진다. 목포문학관은 한국 최초의 문학 기념관으로 소설가 박화성, 극작가 김우진과 차범석, 문학평론가 김현의 삶과 문학세계를 엿볼 수 있는 4인 복합 문학관이다.

목포는 예술의 도시다. 수많은 예술가들이 목포에서 태어나고 창작 활동을 했다. 화가 이중섭도 제주로 떠나기 전, 목포에 머물며 그림을 그렸다. 목포의 거리에는 예술이 넘친다. 목포에서 예술은 일상이 되고 일상은 예술이 된다. 길은 다시 삼학도로 향한다. 삼학도는 이난영의 노래 가사에 등장하면서 더 유명해졌다. 김대중노벨평화상기념관, 난영공원, 목포요트마리나는 모두 삼학도 권역이다. 목포요트마리나는 최근 목포 여행의 핫플레이스다.

목포어시장 뒷골목에는 허름한 횟집과 선술집이
아직도 남아있다.

'행복이 가득한 집'은 120년 된 적산가옥을
개조한 카페다.

요트들이 즐비하게 정박해 있는 이국적인 풍경과 함께 요트 체험으로 목포만의 색다름과 액티비티를 즐길 수 있다. 멋진 바다 풍경을 감상할 수 있는 카페도 인기다.

100년 전 시간여행, 근대역사문화거리

유달산 낙조대로 가는 길은 구도심을 관통한다. 목포는 근대 문화유산의 보고다. 120여 년 전 일제강점기 수탈과 시민들의 저항, 근대화 역사가 도시 한가운데 고스란히 보존되어 있다. 목포일본영사관, 동양척식회사 목포지점, 일본인 가옥과 학교, 일본식 사찰 등이 지금도 남아있는 그 거리는 근대역사문화거리로 조성되어 100년 전 그 시절로 데려간다.

뜨거운 한낮의 태양에 조금 지칠 무렵, 길을 안내하는 노란 화살표가 '행복이 가득한 집' 앞을 가리킨다. 반갑다. 예전에도 한 번 들른 적이 있는 이곳은 120년 된 적산가옥 카페다. 클래식하면서도 로맨틱한 이 카페에서 차를 마시면 시공을 초월한 듯한 행복감이 느껴진다. 땀에 젖은 배낭을 풀어놓고 목조 건물 2층 창가에서 차가운 레몬티를 마셨다. 오늘은 느긋하게 걸으며 근대와 현대가 함께 살아 숨쉬는 목포의 빈티지한 매력을 마음껏 즐기고 있다.

유달산 낙조대에서 바라본 풍경. 항구도시 목포의 낭만과 서정이 느껴진다.

근대역사문화거리를 지난 길은 유달산을 향해 오른다. 노령산맥의 마지막 봉우리이자 다도해로 이어지는 서남단 땅끝에 자리한 유달산은 목포의 자랑이자 상징이다. 유달산 낙조대에 서면 노적봉과 다도해, 항구도시 목포의 시가지 풍경까지 시원하게 조망할 수 있다. 낙조대는 목포 앞바다를 붉게 물들이며 떨어지는 낙조를 볼 수 있는 최고의 일몰 명소이기도 하다.

유달산 둘레길이 끝난 지점에서 용해동 주민센터까지 가는 3km 남짓한 마지막 구간은 지루하다. 마을 길을 지나 또 하나의 작은 산을 넘어야 한다. 그리 힘든 길은 아닌데 코스 뒷부분을 너무 가볍게 생각했다. 힘을 내야지. 오늘 저녁은 전라도 특유의 풍미 가득하고 정감 넘치는 목포의 밥상 앞에 앉을 것이다.

목포대교의 노을이 아름답다.

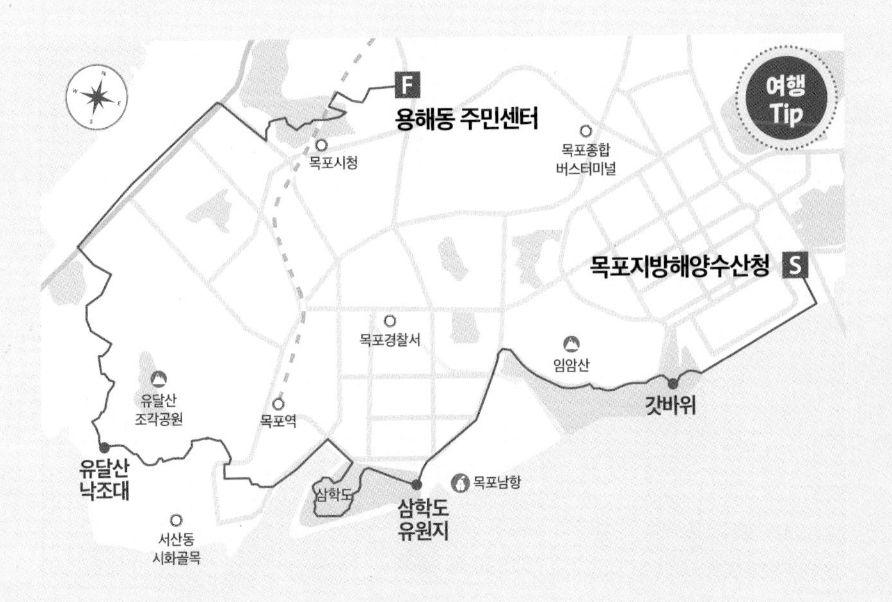

코스	목포지방해양수산청 → 갓바위 → 삼학도유원지 → 유달산 낙조대 → 용해동 주민센터
거리	18.0km
시간	6시간 30분
난이도	보통
교통	**시점** : 목포종합버스터미널에서 333번·332번 버스 이용, 만남의폭포 하차 도보 200m **종점** : 목포종합버스터미널에서 15번 버스 이용, 용해동주민센터 하차
추천	목포해상케이블카 탑승 강추! 유달산과 목포 도심, 항구와 목포대교를 감상할 수 있다. 특히 해 질 무렵에 탑승하면 목포의 아름다운 야경을 볼 수 있다.
먹거리	낙지, 홍어삼합, 민어회, 꽃게무침, 콩물 등 맛있는 음식이 가득하다.

서해랑길 27코스 신안 증도 태평염전 ~ 증도면사무소

증도의 시간은 천천히 고요하게 흐른다

길은 증도의 막막한 바다와 갯벌과 들판을 휘돌아간다.
거칠 것 없이 순정하고 무위한 세상, 아무리 걸어도 눈에 걸리는 게 없다.
낮고 평평하고 고요하다. 멀고 먼 섬, 증도의 시간은 느리게 흐른다.

_ 조송희

청정 바닷물과 생태계의 환경을 그대로 간직한 갯벌에서 태양과 바람이 소금을 만든다.

화도로 가는 노둣길. 물이 차면
사라지고 물이 빠지면 나타난다.
사진작가들이 애정하는 촬영지다.

나도 낡고 신발도 낡았다
누가 버리고 간 오두막 한 채
지붕도 바람에 낡았다
물 한 방울 없다 (후략)
- 김종삼 시집 『누군가 나에게 물었다』 중에서

김종삼 시인의 시 〈소곰바다〉의 일부다. 증도의 태평염전에 첫발을 디딘 순간 이 시가 떠올랐다. 시인이 본 바다도 이런 모습이었을까? 시인의 소곰(소금)바다는 죽음과 허무가 짙게 배어 있다. 증도는 조금 다르다. 고요하게 반짝이는 자연의 생명력이 섬 전체에 낮게 깔려 있다.

이토록 순정하고 무위한 세상

서해랑길 27코스는 태평염전에서 증도갯벌생태공원, 짱뚱어다리를 지나 증도면사무소까지 걷는 길이다. 이 길은 증도의 막막한 바다와 갯벌과 들판을 휘돌아 간다. 거칠 것 없이 순정하고 무위한 세상, 아무리 걸어도 눈에 걸리는 게 없다. 우리나라 갯벌의 13%를 차지한다는 습지조차 낮고 평평하고 고요하다. 그 농밀한 고요함에 자꾸만 울컥해진다. 증도는 아시아 최초의 슬로시티와 유네스코 생물권 보전지역, 람사르 습지 지정으로 최초의 생태 그랜드슬램을 달성했다. 멀고 먼 섬, 증도의 시간은 느리게 흐른다.

광활하게 펼쳐진 빛바랜 소금창고

태평염전에 도착한 시간은 11시 30분, 태양은 하늘 한가운데 높이 솟아있다. 목포에서 8시 버스를 탔지만 지도터미널에 도착해 다시 증도로 오는 버스를 기다리고 타는 시간이 생각보다 길었다. 소금박물관을 잠시 둘러보고 염전 입구 야산의 소금밭 전망대에 올랐다. 광활하게 펼쳐진 염전을 보는 순간 가슴이 먹먹해진다. 텅 빈 소금의 바다에 빛바랜 소금창고가 끝없이 늘어서 있다. 염부도 관광객도 없다. 함초와 칠면초는 갯벌을 붉게 물들이고 비단뱀 같은 갯골이 운치를 더한다.

태평염전은 국내에서 가장 큰 염전이다. 약 460㎡에 달하는 면적은 여의도의 2배다. 전증도와 후증도 사이의 갯벌을 막아 조성한 이 염전은 6·25전쟁 이후 피란민들을 정착시키고 국내의 소금 생산을 늘리기 위해 만들었다. 그 자체가 근대문화유산(등록문화재 제360호)인 태평염전에서 생산하는 소금은 세계 최고의 품질이다. 청정 바닷물과 생태계의 환경을 그대로 간직한 갯벌에서 태양과 바람이 빚어낸 소금이기 때문이다.

염전을 지나 바닷길로 들어서니 흐린 바다에 화도로 가는 노둣길이 길게 뻗어 있다. 물이 차면 사라지고 물이 빠지면 나타나는 길이다. 노둣길을 한참 동안 실눈을 뜨고 바라보았다. 다시 걷다가 중간에 길을 잘못 들었다. 작은 언덕을 하나 넘었는데 한참 걷다 보니 지나온 길이다. 옆길로 빠지는 방향 표시 스티커를 놓쳤다. 다행히 왔던 길로 되돌아왔지만 거의 40분을 허비했다. 코스가 끝나는 증도면사무소 앞에서 4시 50분에 떠나는 막차를 타야 하는데…. 나무 그늘에 앉아 지도터미널 앞에서 사 온 김밥을 먹었다. 마음은 급한데 밥은 맛있다.

조금 걷다 보니 눈앞에 탁 트인 옥색 바다가 나타난다. 눈부시게 흰 모래사장이 끝도 없다. 우전 해수욕장이다. 이토록 깨끗하고 길고 한적한 해수욕장을 본 적이 있었던가 싶다. 백사장 길이만 해도 4km가 넘는다. 신발을 벗고 싶다는 맹렬한 욕구가 올라온다. 바닷물에 발을 담그면 당연히 버스를 놓친다. 잠시 갈등하다가 신발을 벗었다. 일정은 인샬라 신의 뜻에 맡길 수밖에. 물에 젖은 모래는 탄탄하고 바닷물은 따뜻하다. 말할 수 없는 충만감이 차오른다. 이걸 놓칠 뻔했다.

진하고 구수한 짱뚱어탕의 위로

우전 해수욕장을 지난 길은 회색빛 습지로 접어든다. 생태계의 보고인 증도갯

우전 해수욕장. 싸리나무와 짚으로 지붕을 꾸민 파라솔이 이국적이다.

벌생태공원이다. 이 갯벌을 짱뚱어다리가 가로지른다. 짱뚱어다리는 짱뚱어, 갯지렁이, 칠게, 농게, 맛조개 등을 관찰할 수 있는 생태 체험의 명소다. 그런데 짱뚱어다리가 보수 중이다. 짱뚱어다리를 두 발로 직접 건너지 못하는 것보다 1.5km가 넘는 거리를 우회해야 한다는 게 더 뼈아프다. 막차는 떠났다.

결국 증도에 발이 묶였다. 면사무소 앞의 민박집에 방을 잡고 짱뚱어탕을 먹었다. 우거지가 듬뿍 들어간 국물이 비린 맛도 없이 진하고 구수하다. 감으로 들어왔는데 맛집이란다. 차 시간 때문에 잠시 안달했던 마음이 봄눈처럼 녹는다. 증도에서의 하룻밤은 계획에 없었지만 우전 해수욕장에서 신발을 벗었을 때 이미 예정된 일이었다. 오늘 밤은 증도에서 고요하고 깊은 잠을 잘 수 있겠다.

증도의 갯벌은 유네스코 생물권보전지역이며 람사르 습지로 지정되었다.

코스	신안 증도 태평염전 → 증도갯벌생태공원 → 짱뚱어다리 → 증도면사무소
거리	15.8km
시간	5시간 30분
난이도	쉬움
교통	**시점** : 지도여객자동차터미널에서 지도 1-2번·3-2번 버스 이용, 소금박물관 하차 **종점** : 지도여객자동차터미널에서 증도 1-2번·2-2번 버스 이용, 증도면사무소 하차
주의	❶ 교통편이 많지 않고 막차가 일찍 끊긴다. 지도여객자동차터미널로 돌아가는 교통편 확인 필수 ❷ 해안길과 들길이 대부분인 코스로 햇빛을 막을 모자와 옷 등이 필요하다.
먹거리	짱뚱어탕이 유명하다. 태평염전에 유기농 함초를 사용한 소금, 함초 전문 레스토랑이 있다.
편의시설	시점인 태평염전에 식당과 카페 등이 있고, 면사무소 아랫마을에 다수 식당과 민박이 있다. 경로에는 식당과 카페가 없으니 간식이나 도시락 등을 준비하자.

검은 비단 같은 갯벌과 붉은 땅

무안은 검은 비단 같은 갯벌과 붉은 황토의 땅을 가진 도시다.
바다는 나직하고, 들판은 평화롭고, 사람들은 다정하다.
슴슴한 평양냉면 한 그릇이 영혼을 위로하듯
무안의 길을 걸으면 왠지 마음이 편안해진다.
_ 조송희

서해랑길 32코스는 삼강공원에서 도리포, 삼복산 등산로를 거쳐 무안황토갯벌랜드까지 걷는 길이다. 마을길과 해안길, 숲길을 지나 갯벌공원으로 이어지는 이 길은 수중 유물 탐사를 진행한 함평만 바다와 칠산대교를 조망할 수 있다.

코스의 시작 지점인 삼강공원은 해제면 양매리에 집성촌을 이루고 있는 광산김씨의 충절을 기리는 작은 공원이다. 양매리는 매화 향기 그윽한 마을이다. 길은 고즈넉한 시골 마을에서 크고 작은 황토 밭이 무심하게 펼쳐진 들판으로 접어든다. 부드럽게 휘어진 길을 따라 붉은 흙이 드러난 들판은 산티아고 길을 연상케 한다. 그 흔한 비닐하우스 하나 없는 순수하고 건강한 땅, 아름다운 들길이다.

들판에는 밭에서 갓 캐낸 둥글고 반짝반짝한 양파들이 가득하다. 무안의 특산물인 양파는 알이 단단하고 향이 진하다. 무안의 황토는 유황 함유량이 월등히 높고 철분과 칼륨이 다량 함유되어 있기 때문이다. 무안은 전체 면적의 70% 이상이 붉은 황토로 덮여 있어 '황토골 무안'이라고도 부른다.

일몰 명소, 송계어촌마을과 도리포

들길을 지나 해변으로 접어들면 송계어촌체험마을을 만난다. 3km에 이르는 백사장과 해송림이 아름다운 송계어촌마을은 일몰의 명소다. 도리포는 겨울철에는

밭에서 캐낸 양파가 들판에 가득하다.
무안 양파는 알이 단단하고 향이 진하다.

함평 방향의 바다에서 해가 뜨고, 여름철에는 영광의 산 쪽에서 뜨는 해의 붉은 빛이 함평만을 가득 채운다. 도리포는 일출과 일몰을 한꺼번에 볼 수 있는 서해안의 뷰 포인트로도 유명하다. 바지락과 소라, 고동 잡기 등 재미있는 갯벌 체험도 가능하다.

도리포는 함평, 영광으로 이어지는 칠산 바다의 남쪽 끄트머리, 해제반도 북서쪽 끝에 자리한 작고 조용한 포구다. 청정지역 도리포에서 잡히는 농어와 민어, 도미, 가오리 등이 최고의 맛을 자랑한다. 이 바다에서 고려시대의 상감청자 639점을 인양했다. 보물의 바다 도리포는 국가 사적지로 지정되었다.

송계어촌체험마을. 3km에 이르는 백사장과 해송림이 아름답다. 바지락과 소라, 고동 잡기 등 갯벌 체험도 가능하다.

도리포항에 도착하니 12시, 딱 점심 식사 시간이다. 망설임 없이 포구의 식당으로 들어가 민어회덮밥을 시켰다. 커다란 대접에 숭덩숭덩 큼지막하게 썰어 넣은 민어회와 채소가 가득 담겼다. 된장을 풀어 되직하게 끓인 해물찌개와 밑반찬도 푸짐하다. 초고추장을 넣고 회부터 채소에 쓱쓱 비벼서 먹었다. 너무 맛있다. 입안에서 싱싱하고 탱탱한 바다가 느껴진다. 이 지역을 잘 아는 지인이 도리포에 가면 꼭 숭어회나 민어회를 먹으라고 했다. 이만하면 됐다. 식사 후 믹스커피 한 잔까지 챙겨 먹으니 세상 부러운 게 없다.

삼복산 등산로는 어디서나 볼 수 있는 야산의 풍경이다. 반짝이는 나뭇잎이 조

도리포항에는 함평, 영광으로 이어지는 칠산대교가 있다.

붓한 오솔길을 터널처럼 감싸고 있다. 조금 지루할 만하면 나타나는 바닷가의 마을 풍경은 다정하고 사랑스럽다.

코스의 종점인 무안황토갯벌랜드는 42km에 달하는 드넓은 갯벌이다. 무안갯벌은 자연생태의 원시성과 청정환경을 잘 보전하고 있으며 갯벌의 생성과 소멸 과정이 관찰 가능하여 지질학적인 가치가 높다. 갯벌의 형태 및 생물의 다양성도 인정이 되어 2001년에는 전국 최초로 습지보호지역, 2008년에는 람사르 습지 및 갯벌도립공원으로 지정되었다. 무안황토갯벌랜드에는 이러한 무안갯벌 위를 편안하게 걸을 수 있는 데크 산책로와 갯벌 체험장, 캠핑장, 식당, 카페테리아 등이 있다. 무안황토갯벌랜드에서 하룻밤 머물며 갯벌 위로 어둠이 내리는 풍경과 서해의 밤바다를 즐겨보는 것도 참 좋은 선택이겠다.

도리포항의 민어회덮밥. 도리포에서 잡히는 농어와 민어, 도미, 가오리 등은 최고의 맛을 자랑한다.

바닷가 마을 풍경이 다정하고 사랑스럽다.

코스	무안 삼강공원 → 칠산대교 → 도리포 → 삼복산 등산로 → 무안황토갯벌랜드
거리	17.8km
시간	6시간
난이도	보통
교통	**시점** : 무안버스터미널에서 농어촌버스 211-5번 이용, 양간로앞 하차 도보 1.2km **종점** : 무안버스터미널에서 농어촌버스 211-5번 이용, 물암 하차 도보 400m
주의	도리포까지는 쉼터나 식당 편의점이 없다. 간식과 물 준비 필수
먹거리	도리포는 서남해안 물고기들의 최대 산란장이다. 숭어, 민어, 도미, 가오리 등이 특히 맛있다. 부드러운 무안 뻘낙지도 많이 잡히며 김과 굴도 유명하다.

이토록 서정적인, 이처럼 다정한

법성포 가는 길로 접어들자 들판 가득 갈대가 일렁이는 습지다.
길섶에 보랏빛 라벤더가 흐드러진 길을 걸으면서 갈대와 물길을 쓸고 가는
습지의 바람을 오래 바라보았다. 영광의 자연이 이렇게 서정적일 줄 몰랐다.
_ 조송희

영광은 첫걸음이다. 법성포 굴비의 명성을 익히 알고 있지만 굴비를 먹자고 영광을 찾게 되지는 않았다. 길에 대한 기대도 거의 없었다. 전라도 북서쪽의 한적한 해안 도시가 아닐까, 막연히 생각했다. 코리아둘레길이 아니라면 영광을 걸을 생각은 하지 않았을 것이다.

서해랑길 39코스는 영광의 답동 버스정류장에서 영광노을전시관, 영광대교, 법성리 버스정류장까지 걷는 길이다. 영광종합버스터미널에서 대신리행 농어촌버스를 탔다. 답동 버스정류장은 버스 기사조차도 어디인지 정확히 모른다. 버스에 탄 마을 어르신이 내리는 지점을 알려주셨다. 백수해안도로가 시작되는 곳이다.

코스는 해안도로가 아닌 구수산 등산로로 접어든다. 인적이 거의 없는 등산로는 조선시대의 유적인 고도도봉수까지 제법 가파른 오르막이다. 한때 영광 일대를 방어하는 군사통신 시설이었을 봉수대는 잡목이 우거져 있다. 스러져간 세월

대신 등대는 법성포항과 계마항을 오가는 선박들에게 6초마다 한 번씩 불빛을 보낸다.

백제불교 최초 도래지의
조형물과 건축물은
간다라 건축양식으로 이국적이다.

법성포는 바람이 불면 신기루처럼 사라질 것 같은 포구다.

따라 봉수대도 많이 허물어졌다. 봉수대를 지나니 울창한 숲이다. 길은 조붓하고 나무 향은 짙다. 비로소 걷는 맛이 느껴진다. 곳곳에 전망 포인트도 있다. 풍력발전기들이 가득한 들판 너머로 안개에 잠긴 백수 앞바다가 보인다. 정유재란 열부순절지까지 4.7km, 힘든 산길을 지나면 그 유명한 백수해안도로를 만난다.

황홀한 해안노을길, 백수해안도로

백수해안도로는 영광군 백수읍 기룡리에서 백암리 석구미마을까지 16.8km에 달하는 해안도로다. 광활한 갯벌과 기암괴석, 아름다운 석양이 황홀한 풍경을 선물하는 이 길은 서해안의 대표적인 드라이브 코스다. 해안도로 아래 나무 데크 산책로로 조성된 3.5km의 해안노을길은 바다를 옆구리에 끼고 걷는다. 이 길은 2011년 제1회 대한민국 자연경관대상 최우수상을 받았다. 길고 긴 바닷길을 휘감고 도는 데크길은 끝이 보이지 않는다. 노약자들도 편안하고 안전하게 즐길 수 있는 길, 시원한 바다 풍경은 바라보는 것만으로도 가슴이 탁 트인다.

영광의 노을은 유난히 아름답다. 해안도로의 노을전시관에서 잠시 땀을 식히거나, 근처의 카페에서 흰 등대를 바라보며 찬 한잔을 마셔도 좋다. 대신항을 지나 데크길을 좀 더 걷다 보면 영광대교가 보인다.

영광대교를 건너 법성포 가는 길로 접어들자 들판 가득 갈대가 일렁이는 습지다. 태청천과 수타산에서 흐르는 물이 합쳐져서 법성포 앞바다로 흘러드는 와탄천 하구다. 길섶에 보랏빛 라벤더가 흐드러진 길을 걸으면서 갈대와 물길을 쓸고 가는 습지의 바람을 오래 바라보았다. 영광의 자연이 이렇게 서정적일 줄 몰랐다.

백제불교 최초 도래지, 법성포

와탄천 하구를 지난 길은 백제불교 최초 도래지로 이어진다. 영광은 '신령스러운 빛의 고장'이란 뜻이고, 법성포는 '성인이 불법을 들여온 성스러운 포구'라는 뜻이다. 백제불교 최초 도래지는 백제불교가 법성포를 통해 들어온 것을 기념하기 위해 만들어졌다. 이곳의 조형물과 건축물은 간다라 건축양식으로 조금 이질적이고 이국적이다. 백제에 불교를 전한 인도승 마라난타를 기리기 위한 유적지이기 때문이다.

법성포를 바라보는 언덕 위에는 숲쟁이가 있다. 숲쟁이는 고려시대 이후 전라도에서 가장 번성한 포구였던 법성포와 마을을 방어하기 위해 조선 중종 때 축조한 법성진성과 그 일대의 숲이다. 쟁이란 재, 즉 성(城)이란 뜻으로 '숲쟁이'는 숲으로 된 성을 뜻한다. 100년 이상 성장한 느티나무로 이루어진 숲쟁이는 국가지정 명승 제22호로 지정되었으며 매년 법성포 단오제가 열리는 주무대다. 법성진성의 외성길과 성 아래에 있는 법성포 진리마을의 골목길도 고향 마을처럼 친근하고 다정하다.

드디어 법성포에 왔다. 낡고 희미해져서 바람이 불면 신기루처럼 사라질 것 같은 작은 포구다. 우리나라 최고의 조기 어장이었던 법성포는 이제 눈에 띄게 쇠락했다. 왠지 울컥한다. 법성포 출신의 시인 박남준의 시 〈굴비 익는 법성포길〉이 생각난다.

내 마음의 작은 바다
굴비 익는 포구의 법성포길
걷고 또 걸어도 좋으리

어디선가 보리굴비 익는 냄새가 난다. 비교적 깨끗해 보이는 식당에 들어갔다. 단돈 2만 원에 꼬들꼬들 잘 곰삭은 보리굴비 한 마리와 얼음 동동 띄운 녹차 한 사발, 정성스럽고 맛깔난 밑반찬이 나온다. 또 한 번 마음이 울컥해진다. 그렇지. 여기는 맛과 정의 포구 법성포지. 영광이 참 좋다.

코스	답동 버스정류장 → 영광노을전시관 → 영광대교 → 법성리 버스정류장
거리	16.3km
시간	6시간 30분
난이도	어려움
교통	**시점** : 영광종합버스터미널에서 농어촌버스 220번·221번 이용, 답동 하차 **종점** : 영광종합버스터미널에서 농어촌버스 411번·420번·421번 이용, 법성리 하차
주의	햇빛에 노출되는 구간이 많다. 긴팔 셔츠, 챙 넓은 모자 필수
먹거리	법성포에서 영광 굴비 정식을 꼭 먹어볼 것! 인심 좋은 현지 맛을 느낄 수 있다. 영광은 모시떡의 고장, 시내 곳곳에 모시떡을 파는 가게가 있다. 영광종합터미널 뒤편 시장에서 적은 양의 모시떡도 판다.
편의시설	삼미랑어촌체험관 서해랑쉼터. 식당, 카페, 화장실 등은 구간마다 있다.

선운산 넘어서 만나는 부처님 나라

선운산 기슭 느티나무 아래에서 커피 한잔의 여유를 즐긴다.
이제부터 힘들어지는 구간이지만, 큰 걱정은 하지 않는다.
구름 속에서 참선한다(禪雲)는 산 이름처럼
한 걸음 한 걸음 느긋하게 걷는 것이 정답이다.

_ 김영록

태양이 하늘길 가장 높은 곳을 서성일 때, 선운산을 넘기로 했다. 선운사를 좋아하는데, 이번에는 선운산을 넘어서 간다. 서해랑길 42코스를 따라가는 길이다. 여름 숲길이 가진 매력과 유혹이 얼마나 강렬할까. 한껏 기대해 본다.

구름 속에서 참선하듯 선운산을 넘다

은행나무 두 그루가 문지기로 있는 심원면사무소에서 걸음을 시작한다. 이내 둑길 농로를 따라, 가느다란 냇물을 거슬러 오른다. 처음 만나는 마을이 화산마을이다. 마을 입구에 나이 많은 느티나무, 팽나무 등이 숲을 이루고 있다. 마을 숲이다. 쉬어 가기 좋은 곳이지만, 숲을 둘러만 보고 지나친다. 출발한 지 얼마 안 됐다는 핑계지만, 선운산 기슭에 그늘 좋은 느티나무가 또 있다는 것을 안다.

선운산 기슭 느티나무 아래에 배낭을 내려놓는다. 보호수로 지정한 우람하고, 잘생기고, 너른 품을 가진 명품 나무다. 선운산을 오르며 흘릴 땀을 생각하고 푹 쉬었다 가기로 한다. 배낭을 열고, 집에서부터 지고 온 커피부터 꺼낸다.

조금은 가벼워진 배낭을 추슬러 멘다. 이제부터 힘들어지는 구간이지만, 큰 걱정은 하지 않는다. 한 걸음 한 걸음 느긋하게 걷는 것이 정답이다. 산 이름 선운(禪雲)은 구름 속에서 참선한다는 뜻이다. 신선 같은 경지에는 어림도 없고, 푸른 숲

연화리 보호수 느티나무가
길손에게 너른 품을 내어준다.

을 즐겨야겠다고 마음먹는다. 능선을 따라가는 푸른 길을 걸어 개이빨산(346m) 꼭대기를 넘는다. 오늘 코스 중에서 가장 높은 곳이다. 이제부터는 대부분 내리막 구간이다. 소리재를 지나면 낙조대다.

낙조대에 선다. 얼마 전 떠나온 심원면 들판이며 그 너머 바닷가 풍광이 한 프레임으로 잡힌다. 낙조대라는 이름이 괜히 붙었을 리 없다. 그런데 오늘은 때를 못 맞췄다. 경사가 심하지 않은 능선길을 내려간다. 푸른 길에는 푸른 바람이 분다. 천마봉을 거쳐 마지막 구간은 계단이다. 보기만 해도 아찔한 수직 계단을 다 내려서면 바위면에 새긴 도솔암 마애불을 마주한다.

도솔암 마애불은 바위면 전체에 새긴 우람한 마애부처님이다.

천마봉에서 본 풍경. 오른쪽에 도솔암,
왼쪽 아래 바위에 마애불,
아래 바위 꼭대기에 내원궁이 있다.

선운사 절 마당.
왼쪽이 만세루, 가운데 건물이
대웅보전이다.

선운사 도솔암 마애불을 뵙고

선운사에 일주문부터 들어왔다면 가장 나중에 뵙게 될 분이 도솔암 마애불이다. 커다란 절벽 거친 면을 다듬어 부처를 새겼다. 표준 화각 렌즈로는 다 잡히지도 않을 만큼 큰 부처님이다. 눈꼬리 올라간 눈과 꽉 다문 입이 원만하기보다는 다부진 모습이다.

마애불을 떠나 내원궁, 도솔암을 차례로 들른다. 암자 이름 도솔암은 도솔천에서 왔다. 도솔천은 불교 우주관에서 말하는 하늘(天) 중 하나로 미륵보살이 머무는 정토다. 도솔천에는 내원과 외원이 있는데, 미륵보살은 내원에 머문다. 국립중앙박물관에 가면 우리나라 불교 미술 중 걸작으로 꼽는 미륵보살반가사유상을 볼 수 있다. 미륵보살반가사유상은 도솔천 내원에 계신 미륵보살께서 훗날 무수한 중생을 제도할 생각에 잠겨 있는 모습이다.

도솔천을 떠날 시간이다. 여태 걸어온 길보다 훨씬 푸근하고 편안한 길이 기다린다. 도솔계곡을 따라 조붓하게 이어진 숲길이다. 산길 구간이 끝나면 선운천 물길과 동행한다. 선운사 일주문까지 1.2km 정도 된다. 햇빛 한 줌 못 들어올 만큼 울창한 길이다. 가을 단풍철이면 이 길은 붉고 노란 물이 든다. 그때쯤 선운천 언저리는 카메라 삼각대도 세우기 어려울 만큼 인기 있는 곳이 된다.

사천왕을 모신 천왕문을 들어서면 바로 절 마당이다. 휑하게 넓은 마당 안쪽, 뒷모습을 보이는 건물이 만세루다. 만세루와 마주하여 석축 위에 앉은 건물이 선운사 중심 법당인 대웅보전이다. 대웅보전 뒤편 숲이 유명한 선운사 동백 숲이다. 대웅보전 양쪽에는 시립하듯 배롱나무 두 그루가 섰다. 나이가 제법 되어 보이는 나무다. 이리저리 구불대는 나무줄기에서 힘이 느껴진다. 한여름 내내 붉은 꽃을 쉼 없이 피울 것이다.

다시 천왕문을 나선다. 숲길을 나가기 전, 승탑 밭에서 백파스님 승탑비를 찾아본다. 승탑비 글씨가 추사 김정희 선생 솜씨다. 일주문 밖, 선운천 절벽을 온통 덮고 자라는 송악을 마주하면 걸음도 끝난다.

선운사에 추사 선생이 글을 쓴 백파선사 승탑비가 있다.

코스	고창 심원면사무소 → 천마봉 → 선운사 → 선운사 버스정류장
거리	11.6km
시간	5시간 30분
난이도	어려움
교통	**시점** : 고창문화버스터미널에서 농어촌버스 141번·143번 이용, 신기 하차 **종점** : 고창문화버스터미널에서 농어촌버스 141번·143번 이용, 선운산 하차
주의	선운산 구간은 음식점이나 편의점이 없다. 간식 등을 미리 준비해야 한다. 산길을 넘는 구간이 있어 마실 물도 넉넉하게 챙길 것
먹거리	시·종점 주변에 음식점과 편의점이 있다. 종점 주변에 풍천장어 전문점이 있다.
편의시설	화장실은 심원면사무소, 도솔암, 도솔재 쉼터, 선운사, 선운산 생태숲, 선운산도립공원 공영주차장에 있다.

서해랑길 47코스 | 부안 격포항(채석강) ~ 변산 해변(사랑의 낙조공원)

걸음 끝에서 만나게 될 곱디고운 노을

변산 해변은 노을이 아름답고 풍성하기로 명성이 자자하다.
해변 북쪽 언덕에 있는 사랑의 낙조공원에 올라 팔각 정자에 자리 잡고 앉는다.
영화 〈변산〉에 나온 노을 장면이 이곳 변산 해변이었다는 사실이 생각났다.

_ 김영록

격포 채석강.
수수만년 파도와 바람이 만들었다.

아기 볼살처럼 여리던 연둣빛 산과 들은 어느새 짙푸른 세상이 되었다. 오랜만에 변산반도 길을 걷는다. 예쁘면서 편안하고, 이야기도 많고, 걸음 끝에서 만나게 될 노을은 곱디곱다. 자꾸 기대하게 만드는 길, 서해랑길 47코스다.

바닷바람에 유채꽃 살랑이는 수성당 언덕

채석강에서 사진 몇 장 찍는 것으로 걸음을 시작한다. 채석강은 오랜 세월 동안 파랑의 침식작용으로 생긴 절벽이다. 당나라 시인 이태백이 배를 타고 놀던, 중국 채석강과 닮았다고 그런 이름이 붙었다. 격포 해변을 지나 수성당 언덕을 오른다.

언덕 위로 오르면서 천연기념물인 후박나무 군락을 만난다. 후박나무는 제주도, 울릉도, 남해안에서만 자라는 사철 푸른 나무다. 두터운 타원형 이파리가 반질반질 윤이 난다. 후박나무 북방한계선이 변산반도다.

여기 동네 이름이 죽막동이다. 이곳은 대나무가 많이 자란다. 전죽(箭竹), 화살대나무라고도 부르는 이대 종류다. 이대는 가늘고 마디도 굵지 않아 화살을 만드는 데 쓴다. 옛날 각 왕조에서는 이대를 중요한 군수 자원으로 보호하고 가꾸었

수성당 언덕에 한가득 핀 유채꽃 사이에서 인생 사진에 도전한다.

다. 마을에 대밭을 관리하고 저장하는 막이 있어 죽막동으로 불렀다.

수성당으로 오르는 언덕 비탈면에 유채꽃을 한가득 심었다. 바닷바람에 살랑이는 유채꽃을 보기 위해 관광객들이 모인다. 삼삼오오 모여 사진을 찍느라 시끌시끌 분주하다. 유채밭 너머로 보이는 파란 하늘과 바다, 구도를 잘 잡으면 인생 사진도 가능하겠다.

수성당은 개양할미라는 해신을 모시는 작은 당집이다. 서해를 지키는 개양할미는 각 도에 딸을 한 명씩 시집 보내고, 막내딸만 데리고 산다. 바다 깊이를 재어 깊은 곳은 메우며, 어부 생명을 보호해 준다는 서해 여신이다. 당집은 1804년(조선 순조 4년) 처음 지었다. 정면 2칸 측면 1칸짜리 작은 기와집이다. 현재 건물은 1996년 중건했다.

변산 해변 언덕에서 노을을 기다리며

수성당을 돌아보고 본격 걸음을 시작한다. 처음에는 해안도로를 걷게 되지만, 인도가 있어 위험하지 않다. 길은 슬그머니 도로를 벗어난다. 해안도로 아래로 조붓한 숲길이 이어진다. 예전 이곳을 지키던 초병이 걷던 길이다. 가끔 시야가 터지면 서해가 눈앞에 있다. 오솔길은 3km쯤 이어지고, 고사포 해변이 배턴을 받는다.

고사포 해변은 백사장이 완만하고 소나무 숲이 길게 이어진다. 덕분에 솔숲에 있는 야영장은 인기가 아주 많다. 해변 왼쪽 앞 바다에 새우를 닮았다고, 혹은 연꽃 모양이라고 하섬(새우섬, 연꽃섬)으로 부르는 작은 섬이 있다. 매월 음력 보름이나 그믐쯤에 해변에서 하섬까지 2km짜리 바닷길이 열린다.

펜션 단지를 지나면 다시 숲길로 들어간다. 5월 말 즈음 이 길을 걷는다면, 생각도 못한 풍경을 마주한다. 하얀 꽃이 바닷가 언덕을 온통 덮고 있다. 바닷가를 눈밭으로 만들어버린 하얀 꽃은 샤스타데이지다. 샤스타데이지는 국화과 여러해살이풀이다. 구절초와 사촌쯤 되지만, 구절초는 가을에 핀다. 꽃밭에서 한참

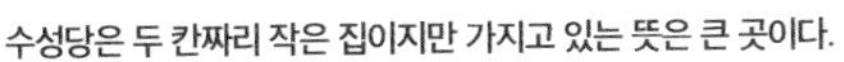
수성당은 두 칸짜리 작은 집이지만 가지고 있는 뜻은 큰 곳이다.

놀았다.

다시 걸음을 옮긴다. 여전히 초병길이라는 사실을 확인시켜 주는 것은 녹슨 철조망이다. 할 일을 잃은 철조망에는 리본이며, 무엇인가를 기념하기 위한 가리비 껍데기가 주르륵 달려 있다. 숲길을 나가면 변산 해변이다.

해변 북쪽 언덕이 사랑의 낙조공원이다. 변산 해변은 노을이 풍성한 것으로 이름 높다. 아직 노을 시간이 남았다. 팔각정자 위로 올라 자리 잡고 앉는다. 2018년 개봉한 영화 〈변산〉에서 나오는 노을이 이곳 변산 해변 노을이라는 것을 생각해냈다. 영화에 등장하는 〈폐항〉이라는 두 줄짜리 시도 찾았다.

"내 고향은 폐항. 내 고향은 가난해서 보여줄 건 노을밖에 없네."

노을 시간이 되었지만, 먼바다 구름발치에 살짝 피다만 노을로 끝이었다. 그날 변산 바다는 노을이 가난했다.

변산 해변은 규모가 크진 않지만 오래전부터 인기 있는 명소다.

코스	부안 격포항(채석강) → 수성당(적벽강) → 하섬 전망대 → 고사포 해변 → 변산 해변(사랑의 낙조공원)
거리	14.3km
시간	4시간 30분
난이도	쉬움
교통	**시점** : 부안종합버스터미널에서 농어촌버스 100번·101번 이용, 격포 하차 **종점** : 부안종합버스터미널에서 농어촌버스 100번 이용, 변산해수욕장 하차
추천	변산 해변과 사랑의 낙조공원은 저녁노을 명소다. 일몰 시각에 맞춰 도착하는 것도 좋다.
먹거리	시·종점 주변에 음식점과 편의점이 있다. 격포 해변, 고사포 해변에도 음식점과 편의점이 있다.
편의시설	화장실은 격포터미널, 격포 해변, 변산반도 탐방안내소, 수성당 주차장, 고사포 해변, 변산 해변에 있다.

은빛 물이랑 건너 달 밝은 산으로

벚꽃 지고 호수 주변 나무 이파리가 연둣빛으로 물들어간다.
은파호수 주변에 언덕 같은 나지막한 산이 병풍처럼 둘러섰다.
산과 호수는 잘 어울리는 짝이다. 호수에 잠긴 산 그림자는 어떻게 찍어도 인생 사진이 된다.
_ 김영록

군산은 도시 이름과는 달리 높은 산이 없다. 대신 너른 들판과 들판을 적시는 저수지가 많다. 100개가 넘는 저수지 중 가장 인기 있는 저수지를 꼽는다면 단연 은파호수공원이다. 저녁 무렵, 길게 누운 햇살이 비친 물결 모습에서 '은파'라는 예쁜 이름을 얻었다. 구름 담긴 호수를 걷는 것으로 서해랑길 54코스를 연다.

하늘 품은 은파호수를 건너서

지평선이 보일 것 같은 너른 들판을 뒤로 하고 호숫가로 향한다. 요즈음은 은파호수공원이라고 부르지만, 옛 이름이 있다. 쌀물방죽이라고도 하는 미제지(米堤池)가 옛 이름이다. 저수지 역사는 고려시대까지 올라간다. 은파호수는 사철 언제라도 좋은 곳이지만, 벚꽃 가득 핀 은파호수를 최고로 치는 사람이 많다. 벚꽃철에는 전국에서 찾아오는 명소가 된 지 오래다.

벚꽃 핀 은파호수도 좋지만, 벚꽃이 지고 봄이 깊어가면서 호수 주변 나무 이파리가 연둣빛으로 물들어 가는 모습도 그만이다. 은파호수 주변에는 언덕 같은 나지막한 산이 병풍처럼 둘러섰다. 산과 호수는 아주 잘 어울리는 짝이다. 호수에 산 그림자가 잠긴 모습은 어떻게 담아도 인생 사진이 된다.

호수에 제 모습 비춰 보던 구름은 어느새 저만치로 가버렸다. 나그네는 구름을 좇아 물빛다리를 넘는다. 다리 건너편이 시끄럽더니, 유치원 꼬맹이들이 다리를 건너온다. 서로 손을 잡고 건너는데 한두 녀석은 꼭 딴짓한다. 재잘재잘 한동안 다리가 환하다. 가끔 날아드는 백로며 왜가리도 풍경을 바꾼다. 발걸음 소리에 놀라 급하게 날아오르는 새들에게 미안해진다.

달 밝은 월명산으로 오르면

호숫가를 벗어나면 산길로 접어든다. 군산에는 높은 산이 없다. 가장 높은 산인 망해산이 해발 230m다. 걷는 길에서 만나는 산들은 100m 내외 높이다. 설림산,

석치산, 점방산, 장계산, 월명산 등 고만고만한 높이를 가진 봉우리에 모두 이름이 붙었다. 그중 월명산(101m)은 높이와는 상관없이 군산 사람들에게 진산 대접을 받는다. 월명산을 중심으로 주변 산과 호수를 포함하는 너른 공원이 월명공원이다.

산길이라고는 하지만 험한 구간은 한 곳도 없다. 걷는 길 중 최고 높이가 해발 80m 정도다. 어렵지 않은 길이고, 숲길이라서 산책 겸해서 오는 시민이 많다. 봄이면 벚꽃으로 환해지는 곳이고, 그때 동백꽃도 같이 터져 꽃길이 된다. 걸으면서 만나는 의외의 장소가 월명호수다. 산속에 있는 호수, 처음에는 군산시민 식수원으로 만든 수원지였다. 1915년 완공하여 1999년까지 상수원으로 이용했다. 상수원 활용이 끝나면서 자연공원으로 탈바꿈한 곳이다. 호수 둘레는 3km 정도다. 월명호수를 지나고, 월명산 기슭을 따라 내려오면 산길 구간은 끝난다.

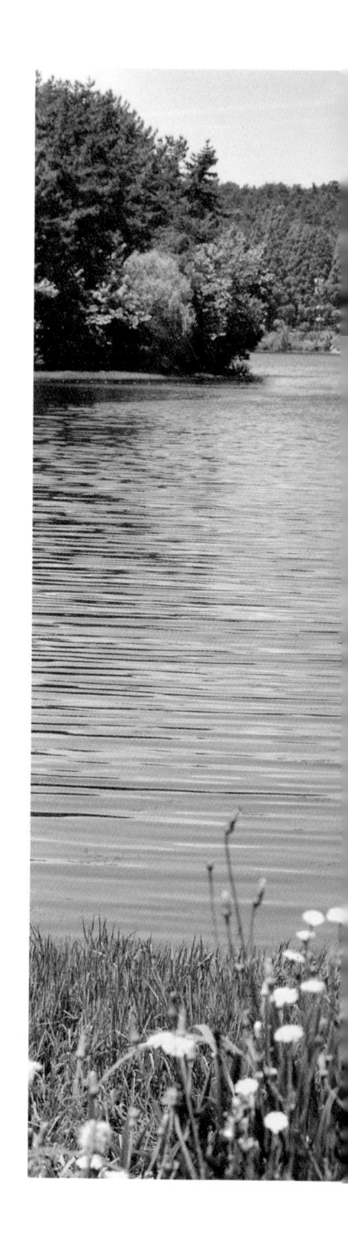

도심 골목마다 깃든 역사의 흔적

산길을 다 내려오면 남은 거리는 1km 남짓이다. 노선은 직선이지만, 조금만 눈을 돌리면 길이 훨씬 풍성해진다. 노선을 조금 비켜난 곳에 동국사가 있다. 일제강점기에 지은 일본식 사찰 중 유일하게 남은 곳이다. 중심 법당인 대웅전이나 요사채 모습이 우리 전통 건물과는 확연하게 다르다. 동국사라는 이름은 광복 후에 지은 이름이다. 왕복 250m만 투자하면 된다.

물빛다리는 은파호수 동편과 서편을 이어주는 예쁜 다리다.

또 한 곳, 왕복 300m로 초원사진관을 만날 수 있다. 1998년 개봉한 영화 〈8월의 크리스마스〉 주무대로 등장했던 소박한 사진관이다. 한석규 님과 심은하 님이 남녀 주인공을 맡아, 한국 멜로영화 중 최고 걸작이라는 평가를 받기도 한 작품이다. 영화 주인공인 정원이 타고 다니던 스쿠터, 다림이 타고 다니면서 주차 단속을 하던 작은 차도 초원사진관 바깥에 놓였다.

걸음을 끝내는 진포해양테마공원 주변에는 일제강점기 때 지은 건물이 여럿 있다. 낡고 스러져 가던 건물을 복원해서 좋은 용도로 쓴다. 군산근대건축관으로 이용하는 구 조선은행 군산지점, 군산근대미술관으로 쓰는 구 일본18은행 군산지점, 호남관세전시관으로 사용하는 구 군산세관 건물이 그러한 경우다.

동국사 대웅전. 동국사 중심 법당이며, 우리나라 전통 건축양식과는 다르다.

코스	군산 외당마을 버스정류장 → 은파유원지 → 월명호수 → 진포해양테마공원
거리	11km
시간	4시간
난이도	보통
교통	**시점** : 군산시외버스터미널에서 40번·42번·43번 버스 이용, 쌍용예가아파트 하차 **종점** : 군산시외버스터미널에서 1번·2번·57번 버스 이용, 진포해양테마공원 하차 도보 400m
추천	전 코스를 걷는 것이 부담된다면 은파호수공원을 한 바퀴 걷는 것도 좋다. 마지막 시내 구간에서는 코스를 조금 벗어나 동국사, 초원사진관을 찾아보자.
먹거리	시·종점 주변, 은파호수공원 주차장 주변에 음식점과 편의점이 있다. 동국사~진포해양테마공원 구간은 음식점, 편의점, 카페 밀집지역이다.
편의시설	화장실은 은파관광지 종점광장, 물빛다리광장, 은파호수공원 주차장, 월명공원 주차장, 진포해양테마공원에 있다.

곰솔 숲에 일렁이는 연보랏빛 물결

물뿌랭이마을 뜬봉샘에서 물줄기 하나가 솟아 충청도 구석구석을 휘돌아 수많은 사연 모두 받아 비단결로 흐른다. 천 리 길 헤쳐온 금강은 고단한 몸을 잠시 눕힌다. 장항, 비단강이 고향 갈 꿈을 꾸는 곳이다.

_ 김영록

햇빛 스미는 숲에 바람이 감돌면

배낭에 앉은뱅이술 한 병 찔러 넣은 나그네는 걸음을 시작한다. 눈에서는 조금 멀어졌지만, 금강은 여전히 나그네와 함께 간다. 멀리 연기 멈춘 우뚝한 굴뚝이 보인다. 오랜 세월 장항의 상징이었던, 옛 장항제련소 굴뚝이다. 1936년생이라니까, 나이가 구십에 가깝다. 장항의 번성과 쇠락을 낱낱이 지켜봤겠다.

장항송림산림욕장으로 들어간다. 1954년에 2년생 어린 곰솔 묘목을 심은 것이 이런 명품 숲이 되었다. 하늘 한 뼘 보이지 않는 빽빽한 소나무 숲이다. 어쩌다 슬그머니 스며든 햇살이 숲을 비출 뿐이다. 이곳 소나무는 우리 토종 소나무 종류인 곰솔이다. 곰솔은 보통 소나무보다 솔잎이 훨씬 억세다. 나무껍질 색깔도 붉은색보다는 검은색에 가깝다.

숲속에는 장항스카이워크 전망대가 있다. 전망대로 오르면 너른 갯벌과 함께

장항스카이워크 전망대에서 바라본 갯벌

맥문동 이파리가 싱그러운 초여름 장항송림산림욕장의 곰솔 숲

백사마을 앞 해변. 백사장은 오간 데 없고 갈대숲만 무성하다.

서쪽으로 열린 풍광이 시원시원하다. 이곳은 1,300여 년 전 신라와 당나라가 싸움을 한 곳이다. 676년 신라와 당나라는 금강 하구인 이곳 기벌포에서 나라의 명운을 걸고 싸웠다. 크고 작은 22번 싸움 끝에 신라가 대승을 거둔다. 이 싸움으로 신라는 서해를 장악했고, 당나라를 한반도에서 몰아냈다.

이곳 숲이 특별한 것은 곰솔 숲인 이유도 있지만 숲 바닥에 맥문동이 가득 자라기 때문이다. 맥문동은 사철 푸른 여러해살이풀이다. 뿌리에 겉보리 낟알 같은 덩이뿌리가 달려 있어 맥문동(麥門冬)이라는 이름을 얻었다. 순우리말로는 겨우살이풀이라고 한다. 그늘에서 잘 자라기에 소나무 아래에서 키우기도 그만이다. 이곳 맥문동은 보통 8월 말 즈음에 연보라색으로 활짝 핀다.

그늘 좋은 언덕 벤치에 배낭을 내려놓는다. 때맞춰 곰솔 숲으로 들어온 바람에 연보랏빛 물결이 일렁인다. 꽃술을 흔들고 온 바람이 나그네 몸을 감싸 안

매바위 해변공원 앞
물 빠진 갯벌을 경운기가 달린다.

으면, 마음은 구름을 탄다. 눈이 스르르 감긴다. 시간도 멈추었다. 왁자한 주변 소리에 눈을 뜬다. 둘러선 어른들 사이에 아이가 웃는다. 아장걸음, 해사한 얼굴에 반짝이는 까만 눈, 벙싯거리는 웃음. 그래, 너는 그렇게 곱게 자라거라.

일어서기 싫은 마음 꾹 잡아 누르며 배낭을 멘다. 나머지 곰솔 숲을 천천히 걷는다.

구름은 하늘을 가고, 나그네는 갯벌을 가고

곰솔 숲을 나와 갯벌을 따르던 길은 바닷가를 조금 벗어난다. 마을 길을 걸으며 정갈하게 갈아놓은 황토밭을 본다. 붉은 황토가 주는 강렬함과 건강함이 고스란히 전해온다. 황토 밭에서 키운 농작물은 조직이 치밀해진다던가.

나지막한 언덕을 넘기 전에 만나는 마을이 백사마을이다. 오래전 이곳 바닷가에는 흰 모래사장이 넓게 펼쳐져 있었다. 목은 이색 선생도 '백사정'이란 정자를 짓고 풍류를 즐겼다고 한다. 바닷가에 바투 붙어 있는 교회 이름도 백사장교회다. 지금은 옛이야기로만 남았다. 모래사장은 간 곳 없고, 갈대 가득한 갯벌이 대신하고 있다.

충남 서천 갯벌은 전북 고창, 전남 신안·보성·순천 갯벌과 함께 2021년 7월 유네스코 세계유산에 등재되었다. 갯벌은 크게 세 종류로 구분한다. 질퍽질퍽한 개흙질이 많은 갯벌을 '펄 갯벌', 모래 성분이 많은 갯벌은 '모래 갯벌', 펄 갯벌과 모래 갯벌이 섞인 갯벌을 '혼합 갯벌'이라고 한다.

갯벌 길 마지막 구간에서 만나는 매바위 해변공원은 갯벌 모습을 잘 살펴볼 수 있는 곳이다. 물이 빠진 갯벌에는 사람도 들어가고, 경운기도 들어간다. 까마득하게 멀리까지 물이 빠졌다. 마지막 걸음을 마치고 갈목 해변으로 나간다. 아직 해넘이는 멀었다. 간이의자 펴고 앉아 하루 종일 지고 온 앉은뱅이술을 꺼낸다.

코스	서천 장항도선장 입구 → 장항송림산림욕장 → 옥암1리 노인회관 → 백사마을회관 → 송석리 와석노인회관
거리	14.2km
시간	4시간 30분
난이도	쉬움
교통 시점	**서천** : 시외버스터미널에서 농어촌버스 서천~장항 이용, 영흥아파트 하차 도보 700m **종점** : 서천시외버스터미널에서 농어촌버스 서천~갈목 이용, 동지산 하차 도보 350m
추천	장항송림산림욕장 전망대에는 꼭 올라가 보자.
주의	시점 주변과 장항송림욕장 외에는 음식점, 편의점, 카페 등이 없다. 미리 준비하고 걸어야 한다.
먹거리	장항도선장 주변 500m 이내에 음식점, 편의점이 있다. 장항송림욕장, 서천군 청소년수련관 주변에도 음식점, 편의점, 카페가 있다. 그 외 구간과 종점에는 음식점, 편의점이 없다.
편의시설	화장실은 장항도선장공원, 장항송림산림욕장 제4주차장, 장항스카이워크 부근 해변, 송림갯골어울림센터, 매바위 해변공원, 갈목해변 출입구에 있다.

서해랑길 62코스 | 보령 충청수영성 ~ 천북굴단지

수영성 언덕 오르면
눈부신 그림이 있다

육지 쪽으로 깊숙하게 들어온 바다, 호수처럼 잔잔한 바다, 거북선이 닻을 내리고 머물던 바다,
강태공이 부푼 꿈 안고 낚싯대 드리우는 바다, 오천항이다.
카메라 확인하고 등산화 먼지도 털고 미뤄둔 걸음을 해야겠다.
_ 김영록

예쁜 무지개문을 지나면
충청수영성 경내다.

조선 수군이 충청 뱃길을 지키던 곳

오천항은 역사가 오랜 곳이다. 오천항은 백제 때부터 중국과 교역하던 항구였다. 당시에는 회이포라고 했다. 고려시대에는 때 없이 출몰하는 왜구를 무찌르기 위해 많은 군선을 두었다. 조선시대로 들어오면 충청 수영을 설치한다. 1466년(세조 12년) 충청 수군 최고사령부를 이곳 오천항에 두었다. 성곽은 한참 뒤인 1509년(중종 4년)에 축성했다. 충청수영성에는 거북선도 있었다. 1842년에 만든 해유시화첩 그림에는 충청수영성과 정박하고 있는 거북선이 있다. 19세기 중반까지 거북선이 실재했다는 증거다.

예쁜 무지개문을 지나 언덕을 올라간다. 먼저 만나는 건물은 진휼청이다. 이곳은 흉년이 들면 관내 빈민구제를 담당하던 곳이다. 느티나무 그늘 아래를 걸어 언덕 꼭대기로 오른다. 언덕 위 나지막한 석축을 쌓고 올라앉은 날렵한 건물이 영보정이다. 정면 6칸, 측면 4칸짜리 팔작지붕 집이다. 이름만 보면 풍광을 즐기는 정자지만, 유사시에는 장졸을 지휘하던 장대 역할도 했을 것이다.

영보정 언덕에 서면 오천항을 비롯한 주변이 한눈에 들어온다. 눈부신 풍광이다. 이런 모습에 다산 정약용 선생도 이곳을 극찬한 것이겠다. 충청수영장교청과

호수처럼 잔잔한 보령방조제 앞바다에 다양한 배가 떠 있다.

내삼문을 돌아보고 보령방조제로 향한다.

방조제 건너 바닷가를 벗어나면

홍성군에서 발원한 광천천은 보령시를 거쳐 서해로 들어간다. 이 광천천을 오천항 부근에서 막은 것이 보령방조제다. 방조제를 건너며 보는 충청수영성과 오천항 풍경은 예사롭지 않다. 천수만에서도 안으로 깊숙이 들어온 곳이라서 호수처럼 잔잔하다. 매끈한 바다에 보트며 낚싯배며 요트들이 저마다 다양한 모습과 색깔로 떠 있다. 충청수영성과 바다가 짝을 이룬 모습도 그만이다. 보령방조제 일몰도 놓치기 아까운 풍경이라지만, 다음날을 기약해야 한다.

보령방조제를 벗어나면 얼마 가지 않아 하만저수지를 만난다. 아주 큰 저수지는 아니지만, 낚시꾼 사이에서는 외래종이 없는 토종 터로 이름이 알려진 곳이다. 계절 탓인지, 시간 탓인지 낚시를 하는 사람은 하나도 없다. 둥글둥글한 언덕 같은 산기슭을 따라 길이 이어진다. 걷는 길 주변 들판에는 여린 벼가 싱그럽게 자란다. 때마침 부는 남실바람에 하늘거리는 모습, 사진으로 담기는 역부족이다. 산속 어딘가에서 뻐꾸기가 운다. 아련하게 들리는 뻐꾸기 소리는 그리움이다. 고향을 떠올리게 한다. 기억 저편에 남은 추억 한 갈피를 살그머니 열어본다.

다시 바닷길을 걷다

바닷가로 나가는 길에 작은 저수지를 만난다. 저수지가 있는 곳이 예전에 사기그릇을 굽던 마을이라서 사기점저수지라고 부른다. 이곳도 숨은 낚시 명소라고 한다. 길은 바닷가 사호리마을로 이어진다. 먼저 만나는 사호3리는 여르문이, 사호3리 북쪽에 있는 사호2리는 늘문이라는 옛 이름이 있다.

사호리 해변은 펄과 모래가 섞인 혼합 갯벌이다. 덕분에 맛있는 바지락이 많이 난다고 한다. 이곳부터 걸음을 마치는 천북굴단지까지는 내내 바닷길을 걷는다. 이 구간에는 밀물에 잠기는 곳도 있고, 언덕 위로 올라서 걸어야 하는 곳도 있다.

사호리 마지막 구간. 언덕을 넘어가면 천북굴단지다.

걸음을 끝내는 마지막 언덕을 오르기 전 사각 정자가 있다. 정자 주변에는 노란 큰금계국이 무리 지어 피었다. 국화과 식물인 큰금계국은 북아메리카가 원산지인 여러해살이풀이다. 생존력이 좋아 척박한 땅에서도 잘 자란다. 우리 토종식물이 살아가는 터전을 빼앗기도 한다. 국립생태원 외래식물 유해성 2등급이고, 생태계 교란종으로 분류하는 미운털이 박힌 식물이다.

언덕을 넘어가면 천북굴단지다. 겨울이라면 관광객으로 북적이겠지만, 한여름으로 접어드는 계절이라 문을 닫은 음식점도 많다. 이곳 길에도 큰금계국이 가득 피었다.

걸음 끝에서 만나는 작은 천북굴단지 포구

코스	보령 충청수영성 → 보령방조제 → 하만저수지 → 사호3리 마을회관 → 천북굴단지
거리	15.9km
시간	5시간
난이도	쉬움
교통	**시점** : 장항선 청소역에서 농어촌버스 770번·701-1번 버스 이용, 오천면사무소 하차 **종점** : 광천시외버스터미널에서 농어촌버스 750번 이용, 천북굴단지 하차
참고	천북굴단지는 굴 요리 전문점 밀집 지역이다. 여름철에는 문을 닫는 곳도 많다.
주의	시·종점 외에는 음식점과 편의점이 없다. 간식과 마실 물은 미리 준비해야 한다. 마지막 구간인 사호리에는 만조 시 우회 구간이 있다. 물때를 미리 챙겨보고 출발해야 한다.
먹거리	시·종점에 음식점, 편의점이 있다.

하늬바람 불어오는 바닷가 모래언덕을 넘으며

바닷물 안에 잠겨 있던 모래가 썰물이 되면 드러나고, 햇빛은 젖은 모래를 말린다.
그때 하늬바람이 불면 마른 모래가 날려 주변에 쌓인다.
1만 5천 년을 거슬러 온 신두리 모래언덕의 존재가 경이롭다.

_ 김영록

작은 포구에 나그네를 내려놓은 택시는 저만치 꽁무니를 보이며 돌아간다. 길에는 나그네 혼자만 덩그러니 남았다. 자그마한 의항포구, 걸음을 시작하는 곳이다. 느슨했던 신발 끈을 다시 묶는다. 묵직한 배낭도 다시 추스른다. 오늘 지나게 될 신두리 모래언덕이 바다 건너편에 보인다. 자, 출발이다. 아주 멀리까지 가보고 싶다.

갯벌, 하늘이 준 보물

걸음을 시작하는 방파제 아래는 물이 빠졌다. 물이 빠진 갯벌은 삶의 현장이다. 너른 갯벌로 사람들을 태운 경운기들이 모여든다. 갯벌이 감추어둔 선물을 찾아 부지런히 움직인다. 허리를 굽혀가며, 모두 열심이다.

갯벌은 다양한 생물이 살아가는 곳이다. 사람도 갯벌에 의지해 산다. 갯벌은 탄소를 흡수하는 능력이 탁월하다는 사실도 새로 알려졌다. 우리 갯벌은 2021년 유네스코 세계자연유산에 등재되었다. 세계가 우리 갯벌의 가치를 인정한 것이다.

방파제로 부는 바람이 부드럽게 몸을 휘감는다. 이럴 때, 어울리는 노래가 있다. 가수 김광석 님이 부른 〈바람이 불어오는 곳〉 음악 파일을 뒤져 노래를 찾아낸다. 기분 좋은 목소리가 이어폰을 타고 들어온다.

"바람이 불어오는 곳 그곳으로 가네. 햇살이 눈 부신 곳 그곳으로 가네. 바람에 내 몸 맡기고 그곳으로 가네."

물 빠진 갯벌에는 갯고랑이 이리저리 구불댄다. 물기 남은 갯벌이 햇빛을 받아 반짝인다. 길가에 '소근진성'이라는 표시가 있다. 이정표를 따라 언덕 위로 오른다. 듬직하게 잘생긴 곰솔 한 그루가 옛 성문 터를 지키고 있다. 소근진성은 돌로 쌓은 성이다. 성 둘레가 약 656m라고 하니 큰 성은 아니다. 1514년(조선 중종 9년)에 쌓았다는 기록이 있다. 시도 때도 없이 출몰하는 왜구를 막기 위한 성이었을 것으로 보인다.

해당화 곱게 핀 모래언덕

출발하면서 보았던 신두리 모래언덕으로 들어간다. 이곳에 모래언덕이 만들어진 시기는 대략 1만 5천 년 전부터라고 한다. 우리나라 구석기시대 말기쯤이겠다. 바닷물 안에 잠겨 있던 모래가 썰물이 되면 드러나게 되고, 햇빛은 젖은 모래를 말린다. 그때 하늬바람, 서풍이 불면 마른 모래가 날려 주변에 쌓인다. 오랜 세월 이렇게 쌓인 곳이 모래언덕, 해안사구다. 해안사구는 바다와 육지 사이 완충지대다. 바닷바람으로부터 농경지를 보호하고, 바닷물 유입도 막아준다고 한다.

사구보호지역 안에서는 소를 방목한다. 신두리 사구에는 1970년대 초까지만 하더라도 소똥구리가 많았다. 세월이 흐르면서 여러 가지 이유로 이곳 소똥구리는 멸종했다. 국립생태원에서는 소똥구리를 복원할 계획을 세웠다. 이곳에 소똥구리를 풀어놓고, 먹이가 되는 소똥을 공급하기 위해 사구에 소를 방목하는 것이다.

모래언덕을 넘으며 만나는 식물 중에 해당화도 있다. 해당화는 장미과 꽃나무이고, 키가 1m 정도로 자라는 떨기나무다. 줄기와 가지에 예리한 가시와 털이 있어 멋모르고 만지다가는 찔리기 쉽다. 이름에 바다가 들어있는 것처럼 바닷가에서 자란다. 늦은 봄부터 초여름에 붉은 꽃이 피고, 늦은 여름에 둥근 열매가 붉게 익는다.

서해랑길 70코스를 시작하는 자그마한 의항 포구. 건너편 녹색 해변이 신두리 해안사구다.

신두리 해안사구 전망대에 서면 주변 풍광이 한눈에 들어온다.

숲길 따라 해변 순례

아쉬운 마음에 뒤를 돌아보고 또 돌아보며 걸음을 옮긴다. 해변 끝으로 오면, 울울한 곰솔 숲길이 기다린다. 그늘 좋은 숲길이라서 걸음에 리듬이 붙는다. 숲길에서 작은 절집을 만났다. 일주문에 '능파사'라는 현판이 걸려 있다. 능파사 아래는 손바닥만 한 쌈지 해변이다. 쉬어 가기 좋은 곳이다.

먼동 해변을 만나고, 고개 하나를 넘으면 곰솔 숲이 좋은 구례포 해변이다. 구례포 해변과 이웃하고 있는 곳이 학암포 해변이다. 물이 빠졌을 때 드러나는 바위 모습이 학을 닮았다고 학암포라는 이름을 얻었다. 학암포는 태안해변길 중 1코스인 바라길을 시작하는 곳이고, 서해랑길 70코스를 마치는 곳이다. 바라길은 서해랑길 70코스와 노선은 같지만, 걷는 방향은 반대다.

학암포 해변은 서해랑길 70코스를 마치는 곳이다.

코스	태안 의항출장소 → 소근진성 입구 → 신두리 해안사구 → 구례포 해수욕장 → 학암포 해변
거리	19.2km
시간	7시간
난이도	보통
교통	**시점**: 태안공영버스터미널에서 농어촌버스 220번·221번 이용, 의항2리(의항포구) 하차 **종점**: 태안공영버스터미널에서 농어촌버스 302번·304번 이용, 학암포 하차 도보 200m
주의	시점부터 중간 지점인 신두리 해변 구간에는 음식점, 편의점이 없다. 미리 준비해서 출발해야 한다.
먹거리	종점인 학암포 해변과 중간 경유지인 신두리 해변에 음식점, 편의점, 카페가 있다.
편의시설	화장실은 의항출장소, 신두리 해안사구 주차장, 능파사, 구례포 해변, 학암포 해변에 있다.

천년의 미소 위로
햇살 내리면

가야산 서쪽 기슭에 황금 답사처가 있다. 원형이 잘 남아있는 해미읍성,
청정한 모습을 지키고 있는 개심사, 무너진 절이지만 아늑함이 돋보이는 보원사 터,
백제의 미소로 부르는 용현리 마애여래삼존상, 모두 귀중한 문화유산이다.
_ 김영록

아주 예쁜 해미읍성 돌아보기

해미(海美). 참 정감 가는 이름이다. 조선 태종 때 정해현과 여미현을 합하면서, 두 현 이름에서 한 글자씩을 가져와 지었다. 이곳에 마을 이름과 닮은 아주 예쁜 읍성이 있다. 해미읍성. 현존하는 읍성 중 보존이 잘된 몇 곳 중 하나다. 크고 작은 돌을 모양에 맞춰 차곡차곡 쌓아 올렸다.

읍성 정문인 남문 진남루로 들어서 앞으로 난 길을 따라가면 늙은 나무 한 그루를 만난다. 나이가 300살이 넘은 회화나무다. 이곳 사투리로는 '호야나무'라고 부른다. 조선말 천주교 박해 때 많은 천주교 신자가 이 나무에 매달려 목숨을 잃었다. 동헌 뒤편 언덕으로 올라 북쪽으로 가면 성벽 아래로 숲길이 이어진다. 왼쪽으로 성벽을 따라, 서문을 거쳐 진남루까지 돌아오는 동선이 해미읍성을 즐기기에 좋다.

해미읍성 회화나무. 조선 말 천주교 박해 때 많은 신자가 목숨을 잃은 나무다.

개심사 안양루와 종각. 안양은 극락을 달리 부르는 말이다.

맑고 고운 절 개심사

해미읍성을 떠나 산길을 7km 남짓 걸으면 개심사다. 부처님 나라와 속세를 나누는 경계, 일주문을 들어선다. 산길을 시작하는 계단에 세심동(洗心洞)이라는 작은 표석이 놓였다. 절집에 오르기 전 마음을 깨끗이 씻으라는 뜻이겠다.

종루 앞 안양루 처마 밑에는 굵은 글씨로 '상왕산 개심사'라고 쓴 현판이 걸려 있다. 글씨는 근세 명필인 해강 김규진 선생 솜씨다. 개심사에서 사람들 눈이 제일 많이 가는 건물은 아마도 심검당일 것이다. 휘고 굽은 나무를 그냥 사용하고, 단청을 하지 않아 소박한 모습이다. 절집에는 휜 나무를 기둥으로 사용한 곳이 더 있다. 종루와 무량수전 기둥도 휜 부재를 그대로 사용했다.

해탈문을 나선다. 봄이면 겹벚꽃으로 환해지는 길을 따라가면 산신각이다. 오솔길을 따라 올라 능선에 선다. 능선에서 계단을 따라 내려오면 기분 좋은 걸음 끝에서 보원사 터를 만난다. 먼저 눈에 들어오는 것은 늠름하게 서 있는 5층 석탑이다. 석탑 뒤로 당간지주가 보이고, 오른쪽 산기슭에는 승탑과 승탑비가 놓였다.

석탑 앞에 선다. 쇠로 만든 찰주가 꽂혀 있어 상승감을 더하고, 완만하고 널찍한 지붕돌이 안정감을 준다. 아래층 기단에는 사자를 새겼고, 위층 기단에는 팔부신중을 돋을새김했다. 고려 초기 작품이다.

개울을 건너 석조를 둘러 보고 당간지주를 살펴본다. 사찰이나 불전 앞에는 장엄을 위한 도구로 '당'이라는 깃발을 세웠다. 이런 당을 매달기 위한 도구가 기다란 장대인 당간이고, 당간을 단단하게 고정하기 위한 시설물이 당간지주다. 당간은 대개 나무로 만들었지만, 당간지주는 돌로 만들었다. 오랜 세월을 버틴 문화유산이다.

보원사 터 전경. 쓸쓸함보다는 안온하고 편안한 느낌이 드는 옛 절터다.

천년의 미소 백제의 미소

강댕이골 개울에 걸린 다리를 건너고, 계단을 올라 부처님 앞에 선다. 환하게 웃고 계신 가운데 부처님과 좌우로 두 분 협시보살을 한 바위에 돋을새김했다. 가운데 부처님은 서 계시고, 왼쪽 협시보살은 앉아있는 반가사유상 모습이며, 오른쪽 협시보살은 손을 가운데로 모아 보주를 들고 서 있는 형상이다.

부처님 왼쪽은 미래에 미륵불로 나타날 도솔천에 계신 미륵보살이다. 오른쪽은 과거불인 연등불의 보살 시절 이름 제화갈라보살이라고 해석한다. 과거세에 석가모니 부처님이 보살 신분으로 수행할 때, 장차 부처가 될 것이라는 수기를 내려준 분이 연등불이다. 이곳 마애여래삼존상은 법화경 교리에 따라 과거, 현재, 미래 이렇게 삼세의 부처를 표현한 것이라는 해석이다. 다시 용현계곡을 건너 하류로 간다. 길가에 강댕이 미륵불로 불리는 소박한 부처님이 계신다. 앞으로 남은 5km 남짓한 길, 지나온 곳들을 반추하며 걷는 길이다.

용현리 마애여래삼존상은 백제의 미소로 불리는 부처님 삼존상이다.

코스	서산 해미읍성 진남문 → 개심사 → 보원사지 → 고풍저수지 → 운산교
거리	17.8km
시간	6시간 30분
난이도	어려움
교통	**시점** : 서산공용버스터미널에서 530번·590번 버스 이용, 해미우체국 하차 도보 300m **종점** : 서산공용버스터미널 삼성생명 정류장에서 450번·470번 버스 이용, 운산시외버스 하차 도보 100m
참고	주요 경유지에 음식점과 편의점이 있어 불편하지 않다.
주의	산길 구간이 두 곳 있다. 간식과 마실 물은 미리 준비해야 한다.
먹거리	시·종점은 음식점, 편의점, 카페 밀집 지역이다. 중간 경유지인 개심사, 용현리 마애여래삼존상 앞에도 음식점과 편의점이 있다.

자연과 인간이 공존하는 아름다운 여백

람사르 습지 상동갯벌의 저어새가 평화롭다.
대부도는 개발 광풍 속에서도 다양한 동식물이 서식하는 생태관광지로 피어나고 있다.
자연과 인간이 공존하는 아름다운 여백이다.
_ 박희진

서해랑길 91코스는 수도권 시민이라면 누구나 가봤을 안산 대부도를 지나는 코스다. 대부도는 드라이브 코스로 유명하지만 걷는 길로도 뒤지지 않는다.

서해에서 강화도 다음으로 큰 섬인 대부도는 11.2km에 달하는 시화방조제로 이어져 육지가 되었다. 담수호로 만들어 공업용수를 공급하려 했지만 호수가 썩어 가자 수문을 열어 바닷물을 드나들게 했다. 그나마 시화호 조력발전소가 친환경 에너지를 공급하고 있으니 다행한 일이다. 그로부터 10년 뒤 되살아난 대부도 갯벌은 경기도 최초 람사르 습지로 인정받았다. 개발의 바람이 아무리 거세게 불어도, 갯벌은 다시 살아나는 위대한 저력을 보여주고 있다.

이동 걱정 없는 똑똑한 '똑버스'

도보 여행자에게 편안한 대중교통이 제공되는 곳은 그다지 많지 않다. 하지만 서해랑길 91코스는 이동 걱정이 없는 똑똑한 수요응답 교통 서비스 '똑버스'가 있다. 요금은 일반 시내버스와 같고, 오전 7시부터 오후 9시까지 운행한다. 호출은 '똑타' 앱과 '콜센터'로 이용할 수 있으며 사전에 똑타 가능 구역을 확인해야 한다. 고정된 경로로 주행하는 기존 대중교통과 달리 똑버스는 AI 알고리즘으로 최적의 노선을 운행한다. 짧게 10분 길게는 1시간을 기다릴 수도 있어서 염두에 두면 좋

서해랑길 91코스는
수요응답형 똑버스가 있어 편리하다.

다. 똑버스는 정해진 정류장에만 정차하기 때문에 걷기 시작점인 독도바다낚시터 입구까지 600m 정도 걸어가면 된다.

네모반듯한 바다낚시터는 옛 염전 자리다. 도시와 가까운 염전은 급속한 개발로 인해 아파트촌이나 산업단지가 되었다. 이곳은 바닷물을 가두어 낚시터로 운영하고 있다. 대부도에 유독 낚시터가 많은 이유다.

서해랑길 91코스 시작점에서 조금 지나면 람사르 습지로 등록된 상동갯벌이다. 보전 습지답게 도착하자마자 저어새 다섯 마리를 볼 수 있었다. 습지를 지나 한참을 터덜거리고 내려가는데 바닷가 위치한 포도 농장이 숨은그림찾기 하듯 나타난다. 비 가림을 위해 설치한 비닐하우스가 바다색과 비슷해 새들도 착각하겠다는 생각으로 내심 놀란 가슴을 쓸어내린다.

해솔길 캠핑장까지 가는 한적한 길은 노란 금계국이 한창이다. 무채색의 겨울을 지나 환하게 피어나는 유채꽃은 봄을 전한다. 봄이 떠난 그 자리, 초여름 언저리엔 더 짙은 금계국이 새로운 전령사가 된다. 노랑 빛깔의 마술에 걸려 가다 보니 밥 짓는 냄새가 구수하다. 캠핑장이다.

노을 맛집 명소, 방아머리 해변

서해랑길 91코스는 경기둘레길 51코스와 같고 대부해솔길 1코스, 2코스와 중복되는 구간이 많다. 멀리 주황빛 리본이 펄럭이며 길잡이를 한다. 대부해솔길 리본도 서해랑길과 같은 주황색이라 잘 살피며 걸어야 한다. 해솔길 안내 표시인 노랑 부리백로가 길이라도 잃을까 노란 부리로 열심히 방향을 일러준다.

캠핑장을 지나면 돈지섬 흙길로 접어든다. 돈지섬은 밀물 때 갯고랑으로 바닷물이 들어와 섬이었으나 현재는 섬의 이름만 가진 산이다. 돈지섬을 지나 구봉도 낙조전망대로 향한다. 구봉도에 도착해 낙조전망대까지 가는 길은 해안길과 산길이 있다. 해안길은 만조 시 통행이 어려워 산길을 왕복해야 하니 사전에 대부도 물때를 확인하면 좋다. 구봉도 낙조전망대는 탁 트인 바다가 배경이 되어 많은 이

북망산 정상에서 보는 방아머리 해변의 풍력발전기가 낭만적이다.

방아머리 해변 식당가의 또 다른 손님

들이 인생샷을 남기는 곳이지만, 엑스트라가 보이지 않게 찍어야 하는 힘든 숙제가 있다. 날이 흐려 노을을 보지 못해도 낙조전망대에서 보는 바다는 모두를 가슴 뛰게 만든다. 대부도의 또 다른 노을 맛집 방아머리 해변으로 가는 발걸음이 가볍다. 방아머리라는 명칭은 해변이 디딜방아의 방아머리처럼 생겼다고 하여 붙여졌다. 방아머리 해변으로 가는 길, 의외의 장소에서 만나는 동춘서커스 상설공연장이 발길을 멈추게 한다. '라떼'는 서커스 전성기였다. 진귀한 묘기와 차력 쇼를 보고 친구들과 따라했던 기억, 고단했을 광대들의 삶이 소환되었다. 우리나라 유일한 서커스장을 지나며 안도의 큰 숨을 내쉰다.

패러글라이딩 활공장으로 이용하는 북망산 정상에 오르니 지나온 구봉도와 가야 할 방아머리 해변이 한눈에 들어온다. 방아머리의 드넓은 해변은 모래가 부드러워 맨발로 다니는 사람들이 많다. 대부도는 거센 개발 광풍 속에서도 다양한 동식물이 서식하는 생태관광지로 피어나고 있다. 그늘진 해변 솔숲을 걸어 대부도 관광안내소에서 마무리한다.

코스	안산 독도바다낚시터 입구 → 상동갯벌 → 해솔길 캠핑장 → 구봉도 낙조전망대 → 북망산 → 대부도 관광안내소
거리	15.2km
시간	5시간
난이도	보통
교통	**시점** : 서울지하철 4호선 오이도역에서 좌석 790번 버스 이용, 대부중고등학교 하차 도보 1.6km **종점** : 서울지하철 4호선 오이도역에서 좌석 790번 버스 이용, 방아머리선착장 하차 도보 100m ※ 안산 대부도 뚝버스 : 시·종점 인근 호출 가능, '뚝타' 앱 설치 후 호출, 통합콜센터 1688-0181, 호출시간 앱 07:00-21:00 콜센터 07:00-20:00
주의	구봉도 낙조전망대 구간의 해안길은 만조 시 통행이 어려워 산길을 왕복해야 한다. 미리 대부도 물때를 확인하면 해안길과 산길을 걸을 수 있다.
먹거리	대부도는 신선한 조개류가 풍부하며 구워 먹는 조개구이는 대표 음식이다. 해산물이 풍부해 칼국수, 해물찜 등의 요리가 유명하다.

마천루와 갯벌의 조화로운 공존

여행자들은 갯벌을 사이에 두고 하늘을 찌를 듯 높이 솟은 고층 건물의
스카이라인과 생명으로 가득한 거친 질감의 갯골을 보며 걷는다.
생동감 있는 자연의 갯벌과 인위적인 신도시가 서로의 균형을 맞추듯 함께한다.
_ 박희진

해안 초소가 위인 초소로
탈바꿈했다.

서해랑길 93코스는 서해를 기준으로 시흥 배곧신도시와 인천 송도국제도시가 마주한 곳에서 시작한다. 여행자들은 갯벌을 사이에 두고 하늘을 찌를 듯 높이 솟은 고층 건물의 스카이라인과 생명으로 가득한 거친 질감의 갯골을 보며 걷는다. 생동감 있는 자연의 갯벌과 인위적인 신도시가 서로의 균형을 맞추듯 함께한다. 코스 대부분은 높낮이 없이 평탄한 도심을 지나며, 화장실과 매점 등 편의시설을 쉽게 접할 수 있다. 바다와 사람이 만나는 소래포구와 염전이었던 습지생태공원을 거치며 짭조름한 삶의 이야기가 들려온다. 장수천 상류 쪽을 향해 걷다 보면 어느 틈에 코스 종점인 남동체육관 인근에 다다른다.

상전벽해가 된 교육 신도시 배곧

걷기 시작점으로 가는 동안 시흥 배곧의 마천루가 새롭게 조성된 도시임을 알려준다. '배곧'이라는 낯선 단어는 배우는 곳을 의미하는 순우리말이다. 일제강점기 때 한글을 지키고자 노력한 주시경 선생이 세웠던 우리말 강습소를 '한글 배곧'이라 부른 데서 유래하였다. 인근 월곶동에 월곶포구라는 지명이 있어서 배곶으로 소래역사관에서 소래포구의 지난한 역사를 알 수 있다.

아는 사람도 많다.

원래 바다였던 배곧 신도시는 과거 대기업에서 매립 후 군용화약류 성능시험장으로 사용했었다. 이후 개발이 본격화되고 시흥시가 교육 신도시를 조성하면서 배곧이라는 지명이 탄생했다.

서해랑길 93코스는 해안가로 길게 조성된 배곧한울공원 안에 있는 해수체험장에서 출발한다. 발 디딜 틈 없는 물놀이 시즌 외엔 제철 아닌 야자수와 그늘막이 조금 생경하다.

해안가로 이어지는 배곧한울공원에는 주민참여 예산으로 조성된 위인공원이 있다. 해안 경비 초소로 쓰이던 건물이 위인의 상징인 위인 초소로 탈바꿈되었다. 겹겹이 쌓인 갯골이 드러날 때 꽁지 빠지게 포구를 향해 달려가는 고깃배를 보며 허둥대던 오늘 아침이 떠오른다. 시작점 안내판을 못 찾고 있는데 공원을 관리하는 분이 정겹게 위치를 알려준다. 그분들의 노고와 친절함은 위인과 한 끗 차이 나는 의인이었다.

아직은 낯선 잿빛 도시를 보며 부지런히 걷는다. 기다란 빨간 부리에 거뭇거뭇 펄을 묻힌 새가 갯벌을 휘젓는 모습이 낯설지 않다. 사진을 찍고 찾아보니 아 맞다! 검은머리물떼새! 대단히 드문 새다. 서해랑길을 걸으며 발견하는 또 다른 매력이다. 콧노래를 부르며 배곧생명공원에 도착한다. 산책로, 체험장, 호수와 작은 공연장이 있는 도심의 공원은 배곧 주민의 아고라 역할을 톡톡히 하고 있다.

시흥과 인천을 잇다

원래 코스대로라면 월곶포구에서 소래철교를 건너야 하지만 배곧 신도시 확장 공사로 해넘이다리를 건넌다. 해넘이다리는 오토바이가 통행할 수 없으며, 자전거는 내려서 끌고 가야 해 뒤를 힐끔거리며 걷지 않아도 된다. 이 다리를 건너면 인천이다. 다리는 인위적 시설물이기도 하지만, 마음을 이어주는 통로이기도 하다. 해넘이다리는 시흥과 인천을 물리적, 정서적으로 이어준다.

인천 해오름공원은 자전거도로와 걷는 길이 분리되어 편안하다. 멀리 소래포구의 상징인 새우 모양의 타워가 보인다. 발걸음을 재촉해 잠시 시간을 내어 길 건너에 있는 소래역사관에 들어가 본다. 급속한 개발과 도시화로 사라져가는 소래의

해넘이다리는 인천과 시흥을 연결한다.

역사와 문화, 소래역과 수인선 협궤열차의 옛 모습을 추억의 이름으로 불러낼 수 있다. '인천은 몰라도 소래포구는 안다'라는 말처럼 소래포구는 수도권의 대표적인 어항으로 모두에게 익숙한 명칭이다. 붐비는 소래포구의 인파를 헤치고 지나간다. 길을 헤맬 가능성이 크니 길을 잃지 않도록 주의해야 한다.

길이 한산해지며 과거 소래염전이었던 소래습지생태공원에 다다랐다. 소래염전은 일제강점기부터 소금을 생산했던 곳으로 소래포구를 통해 수인선 협궤열차에 실어 인천항에서 일본으로 반출했었다. 한때는 국내 천일염 생산이 주를 이뤘던 곳이었으나 값싼 외국산 소금이 들어오고 산업화라는 변화에 대응하지 못해 쇠퇴하였다.

소래습지생태공원의 예쁜 풍차가 도는 곳은 사진작가들의 출사 포인트이며 염전학습장, 생태전시관, 습지 생물과 철새를 관찰할 수 있다. 적당히 걸어 피로하던 참에 해수 족욕장에서 발을 담갔다 걷는다. 드넓은 소래습지생태공원을 지나 인천대공원 호수에서 발원하는 장수천을 따라 올라가면 새해랑길 93코스 종점인 남동체육관이다.

소래습지생태공원의 풍차는 사진작가들의 출사 포인트다.

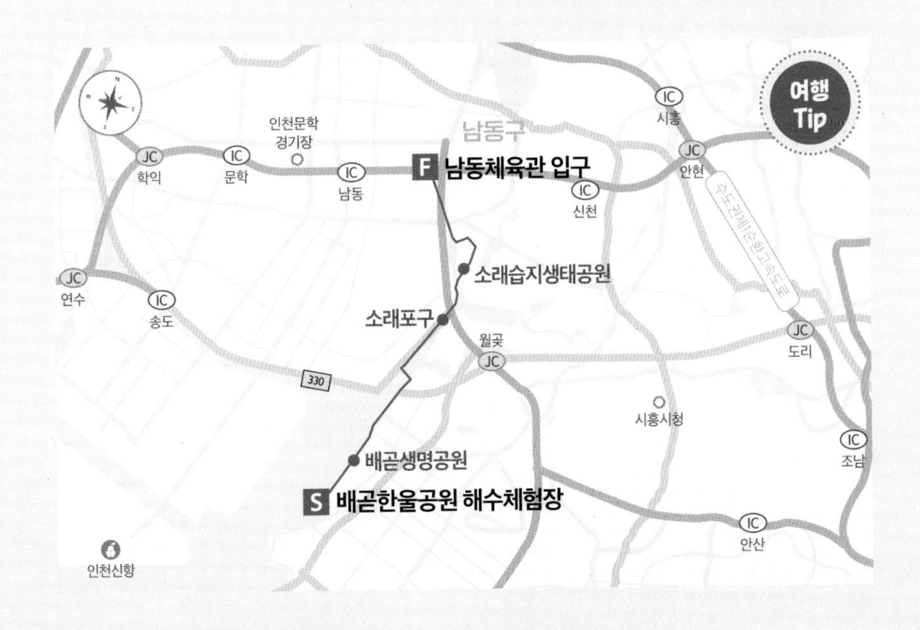

코스	시흥 배곧한울공원 해수체험장 → 배곧생명공원 → 소래포구 → 소래습지생태공원 → 남동체육관 입구
거리	12.1km
시간	4시간
난이도	쉬움
교통	**시점** : 서울지하철 4호선 오이도역에서 99-3번 버스 이용, 한울공원해수체험장 하차 도보 200m **종점** : 인천지하철 2호선 남동구청역에서 지선순환 56번 버스 이용, 남동체육관 하차 도보 300m
추천	일몰 시간에 맞춰 역방향인 남동체육관에서 배곧한울공원까지 걸어도 좋다. 배곧한울공원은 노을 맛집으로 소문이 자자하다.
주의	시흥늠내길, 남동둘레길, 인천둘레길, 경기둘레길 등 서해랑길과 중복되는 구간이 있어 유도 리본을 잘 살펴보고 걸어야 한다.
먹거리	소래포구는 유명한 어시장으로 신선한 해산물이 많다. 꼭 맛봐야 할 음식을 꼽는다면 새우구이, 꽃게탕, 회, 오징어순대, 매운탕 등이 있다.

지붕 없는 박물관으로 떠나는 시간여행

지붕 없는 박물관 강화도는 고대부터 현재까지 전 시대를 꿰뚫는 유적지가 많다. 고려 고종은 몽골군을 피해 강화천도를 단행했고, 조선 인조도 강화로 피난을 떠났다. 맹렬했던 공간의 역사는 역설적으로 평화를 떠올리게 한다.

_ 박희진

서해랑길 103코스는 강화도에 있다. 지붕 없는 박물관 강화도는 한국에서 네 번째로 큰 섬이다. 강화도는 고대부터 현재까지 전 시대를 꿰뚫는 역사 유적지가 많다. 강화도는 지리적으로 방어가 수월하여 과거 두 임금의 피난처가 되기도 했다. 고려 고종은 몽골군을 피해 강화 천도를 단행했고, 조선 인조도 후금이 벌인 전쟁으로 강화로 피난을 떠난다.

강화도는 모든 위기의 순간마다 보금자리 역할을 했다. 강화도는 오랜 세월 중요한 방어선이었으며 치열했던 접전의 장소였다. 불길같이 맹렬했던 공간의 역사는 역설적으로 평화를 떠올리게 한다. 서해랑길 103코스는 강화평화전망대에서 갈 수 없는 땅을 보며 평화의 화두를 만나는 길이다.

한강·임진강·예성강이 만나는 세물머리

서해랑길 1코스는 전라남도 해남 땅끝 탑을 시작으로 103코스 인천광역시 강화도 강화평화전망대에서 마무리한다. 서해랑길 첫 시작은 한반도의 끝자락이라는 상징성이 녹아있고, 서해랑길의 마지막은 분단된 한반도의 가슴 저미는 함축성을 갖고 있다. 오늘은 서해랑길 103코스 종점인 강화전망대에서 출발해 창후항까지 역방향으로 걷는다.

강화평화전망대 주차장에서 발견한 안내판은 서해랑길 끝과 DMZ 평화의길 시작을 알린다. 강화평화전망대에서 보이는 강 건너 저 땅은 황해북도 개풍군이다. 북녘땅까지 전방 약 2.3km 해안을 넘으면 예성강이 흐른다. 최단 거리 2.3km는 갈 수 없는 수치가 되었다. 당연하지만 놀랍게도 사람이 범접하지 못하는 그곳에서 강물은 막힘없이 서로 맞닿아 얽혀 흐르고 있었다. 강원도 태백 검룡소에서 발원하는 한강과 함경남도 덕원 마식령산맥에서 시작되는 임진강이 만나 할아버지의 강, 조강(祖江)이 된다. 지도에도, 교과서에도 없는 조강은 예성강을 맞아 강화만으로 흐른다. 허리 잘린 한반도에서 임진강과 한강, 예성강의 세 물이 부둥켜안았다.

강화평화전망대를 등지고 별악봉으로 향한다. 강화도를 남북으로 지나는 강화 지맥은 평화전망대가 위치한 제적봉을 시작으로 별악봉, 성덕산의 순으로 오르내린다. 낮지만 가파른 별악봉을 넘어 성덕산 정자에서 숨을 고른다.

그곳에서 만난 여행자는 서해랑길 1코스부터 걸어 오늘이 완주하는 날이라며 기뻐한다. 우스갯소리로 "인생을 잘못 살아 친구 없이 혼자 걷는다"는 그는 본인이 암환자라고 스스럼없이 이야기한다. 걷기여행이 돈이 되는 것도 아니고, 누가 시켜서 하는 것도 아니고, 안 하면 안 되는 것도 아닌데 매번 걷고 있다고 웃음 짓는다. 청도 집에서 오롯이 대중교통으로만 움직였다는 그는 "길이 있어 가는 기고마"라는 말로 인사를 대신한다. 잠깐의 시간이었지만 큰 울림을 남기고 각자 가야 할 방향으로 걸음을 옮긴다.

별악봉에서 보이는 농토가 반듯하다.

성덕산 정자 쉼터에서 만난
여행자의 이야기에 큰 울림이 있다.

우리나라 간척의 역사

성덕산에서 내려와 양사파출소를 지날 때 갯내가 난다. 보이지는 않았지만 바다가 가까워지는 것 같다. 혹은 이곳은 과거 바다였을지도 모른다. 강화도에서 최초 간척이 이루어진 시기는 고려시대로 거슬러 올라간다. 몽골의 침입으로 고려 왕실이 강화도로 천도한 후 식량난이 발생하자 자급자족할 방안이 대규모 간척이었다. 강화도 해안선을 보면 만(灣)의 입구는 좁고 안쪽은 수심이 얕은데다, 넓은 갯벌이 발달한 곳이 많아서 간척하기 좋은 천혜의 환경을 갖고 있기도 하다. 강화도는 이러저러한 이유로 오래전부터 간척이 이루어졌다. 한참 마을길을 걷다 보니 선상 세례의 조형물이 보인다. 조선시대 강화도 배 위에서 행한 세례는 한국 개신교 역사에 중요한 사건이라고 한다.

더위에 지칠 즈음 편의점이 보인다. 시원한 아이스크림으로 잠깐의 여유를 부리다가 코스를 이탈했다. 송산 삼거리 인근의 편의점은 코스에 없는 곳이니 사전에 알아두면 좋을 듯하다. 수로를 따라가는 구간으로 접어들었다. 직선으로 뻗은 수로를 중심으로 반듯반듯한 논이다. 강화의 너른 들은 대부분 간척된 곳이다. 갯벌을 메우며 계속된 간척은 지난 수백 년간 섬과 섬을 이어 드넓은 평야를 만들었다.

모두는 아니지만 산은 섬이었던 곳이고 농지는 바다였다.

무태돈대에서 보이는 바다 맞은편이 교동도다. 돈대는 적의 침입을 방어하기 위해 조선시대 축조된 성곽 구조물이다. 예전부터 전략적 요충지였던 강화도에는 진(鎭), 보(堡), 돈대(墩臺) 등의 방어시설이 해안선을 따라 조성되어 있다.

조금 전 지나친 교산2리 주민 대피시설(방공호)이 떠오른다. 강화도는 지리적으로 중요한 위치에 있어 과거부터 현재까지 명칭과 형태가 다른 군사 방어시설이 많다는 사실을 되짚는다. 무태돈대에서 조금 더 걸어 서해랑길 103코스의 종점 창후항에서 마무리한다.

돈대에서 보는 갈매기는 기백이 용맹하다.

강화도 간척지에서 생산된 강화섬쌀은 품질이 좋다.

코스	강화 창후항 → 송산 삼거리 → 양사파출소 → 별악봉 → 강화평화전망대(순방향)
거리	12.6km
시간	5시간
난이도	어려움
교통	**시점** : 강화여객자동차터미널에서 32번 버스 이용, 창후리종점 하차 **종점** : 강화여객자동차터미널에서 27번·28번 버스 이용, 평화전망대 하차
주의	강화평화전망대 입장 시간은 09:00~17:00. 자차로 이동 시 평화전망대 전에 있는 검문소에서 운전자만 신분증 검사를 한다.
먹거리	강화도는 신선한 해산물이 많지만 그중에서도 밴댕이는 대표적 해산물이다. 밴댕이회를 비롯해 무침, 구이 등의 요리로 즐길 수 있다.

세계 생태평화의 상징 지대를 연결한

DMZ 평화의길

- 세계평화와 남북통일을 염원하며 걷는 길
- 잘 보존된 천혜의 자연환경과 분단의 아픈 발자취를 따라 걷는 길

추천 명품 코스

8코스 파주
13코스 연천
15코스 철원
26코스 양구
30코스 인제

강 너머 철책 너머 하나를 꿈꾸다

오랜 세월 사람은 오갈 수 없는 남과 북을 아우르는 임진강은 그 존재만으로도 특별한 감정을 불러일으킨다. 허리춤에 철책을 둘러친 것을 아는지 모르는지 임진강은 오늘도 느긋이 흐르고, 한 많은 역사의 강물을 따라 걷는다.

_ 권다현

우리 살고 있는 이곳은

하나의 땅이지만 사람은 둘이구나

윤도현의 노래 〈임진강〉 가사처럼 북한 마식령에서 발원한 물줄기는 하나의 땅 남한에서 한탄강을 만나 한강으로 흘러든다. 오랜 세월 사람은 오갈 수 없는 남과 북을 아우르는 임진강은 그 존재만으로도 특별한 감정을 불러일으킨다.

DMZ 평화의길 8코스는 임진강을 따라 걷는다. 군사 보안을 이유로 민간인 출입이 금지됐던 순찰로도 포함됐다. 때문에 홈페이지를 통해 미리 신청하고 신분증을 지참해야 하는, 하루 한 번 정해진 인원만 출입할 수 있는 꽤나 번거로운 코스다. 그럼에도 막상 길에 들어서면 당혹스러울 만큼 평화로운 풍경이 눈앞에 펼쳐진다. 저 임진강은 허리춤에 철책을 둘러친 것을 아는지 모르는지 느긋이 오늘을 흐른다.

DMZ 평화의길 8코스는 전 코스 해설사와 동행하며 개인 행동은 금지된다.

탐방로 곳곳에 DMZ임을 알리는 안내판이 눈길을 끈다.

묵직한 철문 너머 평화로 가는 길

8코스 시작점에서 조금 지나면 임진각관광지다. 임진각은 임진강에 자리한 누각이란 뜻으로, 이곳 전망대에서 자유의 다리가 한눈에 들어온다. 1953년 한국전쟁 포로들이 자유를 찾아 건넜던 바로 그 다리다. 국립6·25전쟁납북자기념관과 파주임진각평화곤돌라, 전쟁 당시 사용했던 지하 벙커를 전시공간으로 리모델링한 BEAT131 등 우리나라를 대표하는 평화관광지답게 풍성한 볼거리와 즐길거리를 자랑한다.

망향의 노래비 근처에 자리한 생태탐방로 안내소를 찾아 신분 확인을 마치면, 탐방객임을 나타내는 형광색 띠를 눈에 잘 띄게 착용해야 한다. 반드시 일행과 함께 이동해야 하며 정해진 구역 외에는 사진 촬영이 불가하다는 서슬 푸른 안내와 함께 무장한 군인들이 묵직한 철문을 밀어내자, 들뜬 관광지와는 전혀 다른 세상으로 향하는 길이 열린다.

발가락 끝에 왠지 모를 긴장감을 느끼며 30분쯤 걸었을까. 판문점으로 향하는 유일한 교량이었던 자유의 다리를 대체하기 위해 지었다는 통일대교가 모습을 드러낸다. 고(故) 정주영 현대그룹 회장이 소 떼와 함께 북한으로 향했던 바로 그 다리다. 어린 시절 아버지가 소를 판 돈 70원을 몰래 들고 가출했던 그가 남한을 대표하는 거부가 되어 금의환향하는 모습을 TV로 보면서 함께 뭉클했던 기억이 생생하다. 이를 계기로 남북 민간 교류의 물꼬가 트였고, 한동안 우리는 천하절경 금강산을 유람할 수 있었다. 이 같은 내용이 적힌 안내판과 '통일소' 조형물 앞에서 잠시 사진 촬영이 허락되었다.

율곡습지공원에는 다양한 포토존이 마련돼 있다.

역사적 비극을 딛고 예술을, 자연을 꽃피우다

이어 에코뮤지엄이 발길을 멈추게 한다. 분단의 상징인 철책을 배경으로 국내외 유명 작가들의 예술작품을 감상할 수 있는 독특한 야외 미술관이다. 일상에서 흔하게 나누는 '안녕하십니까'란 인사말도 철조망 앞에선 각별한 의미의 작품이 된다. 새싹이 자라는 고무신은 실향민의 애달픈 희망을, 어색한 듯 손을 맞잡은 두 사람은 하나 된 미래를 떠올리게 한다.

이제 전망대에서 잠시 숨을 고르며 발아래 초평도를 눈에 담는다. 임진강 물줄기가 빚어낸 섬인 초평도는 여름이면 구둣주걱 모양의 부리를 가진 저어새가, 겨울에는 붉은 뺨의 재두루미와 육중한 덩치를 자랑하는 흰꼬리수리가 찾아온다. 때론 토끼나 고라니를 사냥하는 들개 떼가 목격되기도 한다. 사람의 발길이 닿지 않아 자연 그대로를 유지하는 듯 보이지만, 섬 곳곳에 남은 지뢰는 현재진행형의 상처이자 비극이다.

예부터 교통의 중심지로 번성했던 임진나루도 전망대에서 감상할 수 있다. 남북을 오가는 수많은 배가 드나들었던 임진나루에는 왕의 행차나 사신의 통행을 위한 부교가 설치되기도 했다. 류성룡(1542~1607)은 〈서애집〉에서 칡덩굴로 만든 밧줄로 임진강을 잇고 그 위에 버드나무와 싸리, 갈대 등을 펴고 흙으로 덮어 부교를 제작했다고 적었다. 한국전쟁 당시에도 이 같은 부교가 놓였는데, 연합군의 병력과 물자를 나르는 데 큰 역할을 담당했단다. 전망대에는 임진나루 주변 절경을 그린 옛 그림이 전시되어 당시 풍경을 짐작케 한다.

DMZ 평화의길 8코스는 율곡습지공원에서 마무리된다. 저류지로 사용됐던 드넓은 습지에 마을 주민들이 직접 꽃을 심고 가꾼 이곳은 봄이면 노란 유채와 싱그러운 청보리가, 가을이면 분홍 코스모스가 바람에 살랑인다. 여름엔 탐스런 연꽃이 온통 흐드러진다. 삐뚤빼뚤 재미난 모양의 장승과 솟대, 초가와 물레방아도 정감을 자아낸다. 율곡이란 이름은 이이(1536~1584) 친가가 파주 파평면 율곡리에 자리한 데서 연유한다.

코스	임진강역 → 임진각 관광지 → 초평도 입구 → 임진나루 → 율곡습지공원
거리	9.9km
시간	3시간 30분
난이도	쉬움
교통	문산역에서 058A/058B 버스 이용, 임진강역 하차(시점·종점 동일)
추천	초평도 일대는 가을부터 두루미, 가창오리, 쇠기러기 등 철새가 찾아와 겨울을 지낸다. 이 시기에는 전망대 망원경으로 철새의 월동 모습을 관찰할 수 있다.
주의	파주 임진강변생태탐방로 홈페이지(https://pajuecoroad.com)를 통해 참가일 5일 전까지 사전 신청해야 한다. 신분증 반드시 지참할 것. 안내소 기준 9시 30분(6~9월 8시 30분)에 출발한다. ※ 월·화요일 휴무, 10인 이상 신청 시에만 운영, 혹서기(7~8월) 및 혹한기(11~2월)에는 초평도까지 단축 운영
먹거리	통일촌장단콩마을 ※ 신분증 지참 후 통일대교 입구에서 식당에 연락하면 픽업 서비스 제공
편의시설	임진각관광지 화장실, 카페 및 레스토랑

아름다운 풍경 속에 깃든 평화의 무게

삼국시대부터 피로 물들었던 옥녀봉은 한국전쟁을 마지막으로 평온한 시절을 보내고 있다.
조각상 '그리팅맨'이 설치된 것도 그 덕분이다. 허리를 숙여 인사하는 모습은
상대에 대한 존중과 배려, 나아가 평화를 의미한다.

_ 권다현

평화는 역설적이다. 숨 쉬는 것처럼 평소엔 의식하기 어렵지만, 우리 일상이 흔들릴 때면 그 존재가 두렵도록 선명해진다. 연천 군남홍수조절지에서 시작된 길은 북녘을 향해 인사를 건네는 그리팅맨을 거쳐 대광리역에 도착할 때까지 평범한 우리네 일상을 점점이 엮어낸다.

때론 정겹고 때론 아름다운 풍경을 흐뭇하게 바라보다 'DMZ 평화의길'이라 적힌 리본 앞에서 소스라치게 걸음을 멈췄다. 예사로운 나의 하루를 위해 누군가 피를 흘리고 또 목숨을 잃었다. 마냥 걷기 좋은 길이라 소개하기 조심스러운 이유다. 그러니 이 길 위에서 한 번쯤, 평화란 단어가 지닌 무게를 곱씹어보길. 나와 우리뿐 아니라 세상 모든 경계선 너머 이들에게 안녕이란 인사를 건네 보길 바란다.

하나의 물길, 하나의 하늘길

DMZ 평화의길 13코스는 군남홍수조절지에서 시작한다. 군남댐이 아닌 홍수조절지란 낯선 명칭을 사용하는 건 우리나라 최초로 홍수 조절을 위해 건설된 단일 목적댐이기 때문이다. 그 위치를 보면 더 이해가 쉽다. 임진강을 기준으로 남한 최전방에 자리한 군남댐은 북한 무단 방류에 대응하기 위한 목적으로 만들어졌다. 폭우가 한반도를 닥칠 때마다 북한은 아무런 예고 없이 임진강 상류 황강댐 수문을 열어 남한의 피해가 잦았다. 군남댐이 건설 중이던 2009년에도 갑작스레 방류된 물살에 6명이 목숨을 잃었다. 완공 이후 군남댐은 북측으로부터 유입되는 물이 많아질 경우 점진적으로 수문을 개방, 하류 주민들이 대피할 시간을 확보하는 중요한 역할을 담당하고 있다. 군남댐과 함께 조성된 두루미테마파크도 의미가 남다르다. 한반도는 두루미와 흑두루미, 재두루미의 주요 월동지다. 임진강 물길이 그러하듯 두루미도 철책 너머 하나의 하늘길을 오간다. 특히 군남홍수조절지 상류는 크고 작은 여울과 먹이 활동이 용이한 드넓은 논밭이 펼쳐져 매년 수많은 두루미가 찾는 서식처다. 이에 K-water에서는 두루미 생태 모니터링과 함께 잠자리터 보존을 위해 군남댐 수위를 조정 운영 중이다.

군남홍수조절지. 군남댐은 우리나라 최초로 홍수 조절을 위해 건설된 단일 목적댐이다.

삼국시대부터 치열한 접전이 벌어졌던 옥녀봉은
탁월한 전망을 자랑한다.

율무밭 너머 안녕, 그리팅맨!

두루미테마파크를 지나 야트막한 언덕길로 접어든다. 옥녀봉까지 이어지는 호젓한 오솔길은 봄여름이면 싱그러운 녹음이, 가을이면 수북하게 쌓인 낙엽이 바스락거린다. 문득 돌아보면 연천 땅을 적시며 흐르는 넉넉한 임진강 물줄기와 방금 지나온 군남홍수조절지도 눈에 들어온다.

풍경에 취해 걷다 보니 생소한 작물이 밭을 이룬다. 이 지역 특산물인 율무다. 동남아시아가 원산지인 탓일까. 드넓은 율무 밭이 이국적으로 느껴진다. 마침 밭일 나온 여인들이 평화로운 율무 밭에 생기를 더한다.

해발 205m 옥녀봉에 오르면 연천군 전 지역이 한눈에 들어온다. 그 수려한 절경은 오랜 세월 이곳을 피로 물들였다. 삼국시대부터 치열한 접전이 벌어졌던 봉우리는 한국전쟁을 마지막으로 잠시 평온한 시절을 보내는 중이다. 유영호 작가의 조각상 '그리팅 맨(Greeting Man)'이 설치된 것도 그 덕분이다. 15도 각도로 고개와 허리를 숙여 인사하는 모습은 상대에 대한 존중과 배려, 나아가 평화를 의미한다. 옥녀봉을 지나 로하스파크로 내려가면 율무를 활용한 다양한 음료와 디저트를 판매하는 한옥 카페에서 걸음을 쉬어가기 좋다.

기찻길 따라 희망을 품다

고소한 콩가루와 단팥을 듬뿍 올린 팥빙수로 한낮 무더위를 시원하게 날려버리고 다시 마을길을 따라 걷는다. 소박한 텃밭과 우거진 숲길을 지나 신망리역에 다다랐다. 여기서 고작 20km를 더 달리면 북한이다.

1956년 첫 영업을 개시한 신망리역은 당시 미군이 전쟁 피난민을 위해 세운 정착촌에서 이름을 따왔다.

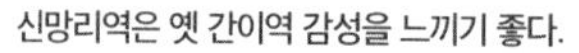
신망리역은 옛 간이역 감성을 느끼기 좋다.

산등성이를 따라 연천 특산물인 율무 밭이 펼쳐져 있다.

새로운 희망을 품은 마을, 즉 뉴호프타운(New Hope Town)이 신망리(新望里)가 된 것. 옛 간이역 감성을 고스란히 품은 신망리역을 지나면 한탄강 지류인 차탄천을 따라 올곧은 강변길이 펼쳐진다. 물이 어찌나 맑은지 물놀이하는 아이들은 물론, 다슬기를 잡느라 허리 펼 새 없는 어르신들이 정겨운 풍경을 빚어낸다.

드디어 13코스 종점인 대광리역에 도착했다. 신망리역보다 앞선 1912년 처음 문을 연 대광리역은 연천 이북에서 가장 번화한 기차역이었다. 지금도 역 앞으로 다채로운 상권이 형성돼 당시 영광을 짐작케 한다. 신망리역과 함께 대광리역도 경원선에 속한다. 서울과 북한 원산을 연결하던 노선이다.

분단으로 끊어진 기찻길은 언제쯤 북한을 거쳐 러시아, 유럽까지 가 닿을 수 있을까. 지금의 평화로운 일상 다음에는 그처럼 꿈같은 일상이 기다리기를, 돌아가는 내내 바라본다.

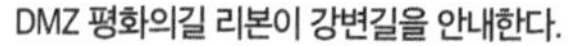
DMZ 평화의길 리본이 강변길을 안내한다.

코스	연천 군남홍수조절지(두루미테마파크) → 그리팅맨 → 연천 로하스파크 → 신망리역 → 대광리역
거리	19.8km
시간	7시간 30분
난이도	어려움
교통	**시점** : 연천역에서 55-6번 버스 이용, 선곡리회관 하차 **종점** : 연천역에서 G2001·37-1번·39-2번 버스 이용, 대광리역앞 하차
추천	옥녀봉에서 바라보는 일출과 일몰, 야경이 특히 아름답다. 군남면 주민들의 해맞이 명소이기도 하다.
주의	인근 부대에서 사격 훈련이 있을 경우 접근이 통제된다.
먹거리	임진강에서 잡아 올린 쏘가리, 참게로 끓인 매운탕이 유명하다.
편의시설	군남홍수조절지 화장실, 로하스파크 카페

철새들은 유유히 비무장지대를 넘나드는데

철원의 겨울은 철새들의 천국이다. 찬바람이 코끝을 에는 들판을 걷다 보면
두루미와 재두루미, 쇠기러기와의 즐거운 동행길이 된다.
새들은 북녘을 향해 유유히 나는데 눈 덮인 산하에 평화의 봄은 언제 올까나.
_홍성운

DMZ평화의길 15코스는 소이산, 노동당사와 철원역사문화공원, 학저수지, 한탄강 등 역사, 문화, 생태자원이 풍성한 길이다. 특히 겨울철 철새들의 군무를 보고 있노라면 몹시 황홀해진다. 눈 덮인 산과 들판 위로 철새들이 자유롭게 남북을 드나들고 있다. 평화롭다. 이 땅에 진정한 평화가 찾아오길 간절히 바라본다.

겨울 철새들의 낙원, 철원 들판

한적하고 인적이 드문 겨울 들판, 저만치 빈 들판에 하얀 두루미가 줄지어 서 있다. 들판에서 먹이를 찾으며 겨울을 나고 있는 모습이 평화롭다. 예전부터 학(鶴)이라 불렀던 두루미는 고고하고 기품이 있는 새로 알려져 있다. 긴 다리와 날개를 펴고 우아한 날갯짓을 하며 나는 모습이 일품이다. 두루미는 가족 단위, 부부 단위로 날아다니는 것도 특징이라고 한다. 얼마를 가자 재두루미도 눈에 들어온다. 철원에서 군 생활을 할 때 가끔 보았지만 이렇게 가까운 거리에서 재두루미 소리를 들어보는 것은 처음이다. 멸종위기 야생동물 2급으로 지정되어 보호받고 있는 재두루미는 머리 부분 흰색과 어우러진 잿빛 깃털, 눈 주위의 빨간 색깔이 유난히도 아름답다.

철원이 두루미와 재두루미의 낙원이 된 이유는 민간인 통제선으로 사람의 간섭이 적어 굉장히 안정적인 서식지가 되었고, 여기에 더해 주민들의 노력도 큰 역할

재두루미가 날갯짓하며 비상하고 있다.

노동당사는 전쟁의 아픈 상처를
간직한 채 벽체만 남아있다.

을 했다. 주민들은 오랜 기간 자비로 먹이를 구입해 뿌려주기도 하고 벼 낟알이 많이 붙어있는 볏짚을 썰어서 논에 내놓아 두루미들이 안정적으로 겨울을 날 수 있게 했다. 철원군도 DMZ두루미평화타운을 지어 두루미의 가치를 알리고 탐조 프로그램을 운영하고 있다. 탐조 프로그램을 통해 시민들은 두루미의 가치에 대해 배우고, 인근 주민들은 소득을 얻으면서 결국 두루미 보호의 필요성이 더 부각되는 선순환 구조를 만들어 가고 있다.

DMZ두루미평화타운 앞 들판을 지나다가 몇천 마리는 되어 보이는 엄청난 무리의 쇠기러기 떼를 만났다. 여행자의 발소리에 놀라 떼 지어 하늘을 나는 쇠기러기의 모습이 너무 장엄하고 보는 이를 압도해 온다. 철원의 철새는 겨울 진객임에 틀림없다.

전쟁의 아픔을 기억하는 곳

한국전쟁 중 고지의 주인이 24번이나 바뀐 치열한 공방전이 벌어졌던 백마고지를 기억하기 위해 명명된 백마고지역에서 발걸음을 시작해 이어 도착한 곳은 노동당사다. 한국전쟁이 일어나기 전까지 북한의 노동당사로 이용되었다. 전쟁 때 큰 피해를 입어 포탄과 총탄 자국이 촘촘하게 난 채로 검게 그을려 있다. 전쟁의 아픈

유유히 흐르는 한탄강 물가에 살얼음이 얼어 운치를 더한다.

DMZ두루미평화타운 앞쪽 들녘에 쇠기러기 떼가 군무를 이뤄 날고 있다.

소이산에서 바라본 철원평야

상처다. 노동당사 앞에서 DMZ의 평화를 염원하며 'DMZ 피스트레인 뮤직 페스티벌'이 열리곤 했는데, 남북 긴장이 더해지면서 축제의 열기가 예전만 못해 안타깝다.

노동당사 앞으로 철원역사문화공원이 조성되어 있다. 높은 철탑 옆으로 구 철원극장이 새단장해 서 있다. 공원 양옆으론 시간을 과거로 돌려놓은 듯한 옛날 우체국과 금강산으로 가던 관광객을 맞이하던 관동여관을 복원해 놓았고 길옆엔 복고다방, 역전식당이 손님을 맞고 있다. 이 지역(철원읍 외촌리 인근)은 일제강점기 구 철원제2금융조합 건물 터, 금강산 전기철도, 월정역, 철원농산물검사소 등 근대 문화유산이 산재해 있는 곳이다. 철탑 너머로 철로가 보이는데 철원역 역사에서 모노레일을 타면 소이산 정상까지 갈 수 있다. 소이산은 평야에 우뚝 솟은 362m의 작은 산이지만 철원평야를 조망할 수 있어 많은 사람들이 찾고 있다. 고려시대부터 외적의 출현을 알리던 봉수대가 위치한 공간으로 한국전쟁 이전 화려했던 구 철원의 역사를 기억하고 있는 곳이다.

철원 노동당사를 출발해 농로를 지나니 동네 강아지들이 꼬리를 흔들면서 따라온다. 따라오던 강아지를 물리치고 걸으니 DMZ 평화의길 옆으로 대전차 방어용

장애물이 개천에 우뚝우뚝 서 있는데 길옆으론 DMZ 평화의길 리본이 휘날린다. 전쟁과 평화라는 두 단어가 새롭게 다가온다.

얼마를 더 걸으면 학저수지가 나온다. 겨울인지라 차가운 얼음이 물 위를 덮고 있는데 규모가 엄청나다. 접경지역이라 그런지 얼어 있는 저수지 모습이 더 차갑게 느껴진다. 저수지 옆 논에는 갯버들이 줄지어 서 있다. 얼음이 녹아 계절이 바뀌면 저수지엔 노랑꽃창포, 물억새, 제비붓꽃, 갯버들, 수련 등이 피어난다고 한다. 겨울철이라 볼 수 없어 아쉽다.

길옆으로 펼쳐진 한탄강도 얼어붙어 있지만 흐르는 물소리에 귀가 즐겁다. 한탄강을 옆에 두고 모퉁이를 도니 북한 땅이 보인다. 넓은 들판 앞으로 북한의 요새 오성산이 흰 눈을 이고 장엄하게 버티고 서 있다.

오성산 앞 상감령(저격능선)은 1952년 10월부터 11월까지 중공군, 북한군에 맞서 국군과 미국 등 유엔군이 치열한 혈전을 벌여 6·25전쟁사에 길이 빛나는 저격능선전투(일명 상감령전투, 6·25전쟁 3대 격전지)가 치러진 곳이다. 중공군은 1만 5천 명가량이 전사했고, 국군은 사망자·부상자를 합쳐 4,800명에 그쳤지만 중공군은 이 전투를 승리한 전투로 포장해 영화까지 만들었다. 씁쓸하다. 먼발치에 있는 오성산을 바라보며 걷다 보면 15코스의 종점인 DMZ두루미평화타운에 도착한다.

들판 너머로 북한의 요새
오성산이 장대하게 펼쳐져 있다.
남방한계선과 북방한계선이 보인다.

코스	백마고지역 → 철원역사문화공원 → 도피안사 → 학저수지 → DMZ두루미평화타운
거리	19.4km
시간	7시간
난이도	보통
교통	**시점** : 동송시외버스터미널 이평리 정류장에서 13번 버스 이용, 백마고지역 하차 **종점** : 동송시외버스터미널 이평리 정류장에서 10번(정연리 방면) 버스 이용, 이평리(정한약국앞) 하차
참고	철원역사문화공원에서는 모노레일을 이용해 소이산 정상까지 갈 수 있고, DMZ 두루미평화타운에서는 해설사를 동반한 두루미 탐조와 DMZ평화안보관광 투어를 운영하고 있다.
편의시설	백마고지역, 철원역사문화공원에서 매점을 이용할 수 있다. DMZ두루미평화타운에는 쉼터와 마을 민박 등 숙박시설 이용이 가능하다.

두타연 맑은 물 따라 단풍잎 흘러가네

금강산에서 발원한 물줄기는 굽이굽이 양구 땅으로 들어온다.
금강산 소식을 전하는 냇물 따라 봄이면 꽃잎이 흐르고 가을이면 단풍잎이 떠 온다.
언제쯤이면 금강산으로 가는 길을 걸을 수 있을까.
_ 김영록

DMZ 평화의길은 접경지역을 걷는 길이다. 그중에는 민간인 통제선 안쪽으로 들어가는 코스도 있다. 양구군 26코스도 일부 구간이 민통선 안으로 이어진다. 이 길이 예전에 두타연을 거쳐 금강산으로 가는 길이었다. 죽장망혜 단표자(竹杖芒鞋 單瓢子). 대나무 지팡이, 짚신, 표주박 차림은 아니지만 금강산 유람객 마음으로 걸어보자.

두타연 가는 길

걸음을 시작하는 고방산 교차로에 소박한 갤러리가 있다. '소지섭 길 51K 두타연갤러리'라는 이름이 붙어 있다. 갤러리 이름이 참 독특하다. 갤러리를 모두 돌아보고 나서야 이유를 알았다.

영화배우 소지섭 님은 2010년『소지섭의 길』이라는 포토에세이를 출간한다. 강원도 DMZ 일대를 배경으로 한 사진집이었다. 그는 '51'이라는 숫자를 좋아한다. 49와 51은 절반 확률에서 2% 차이지만 결정을 지을 수 있다고, 그래서 항상 51이 되기 위해 노력한다고 했다. 51이라는 숫자를 좋아하는 이유였다. 사진을 찍으며 인연을 맺은 양구에서는 6개 코스, 51km인 길을 만들었다. 길 이름은 '소지섭 길 51K'로 지었다. 첫 번째 길이 갤러리부터 두타연까지다. 금강산가는길 안내소에서 절차를 거쳐 민통선 안으로 들어선다. 긴장감이 살짝 밀려온다.

양구는 버드나무 양(楊), 입 구(口)를 쓴다. 버드나무 많은 금강산 길목 마을이라는 뜻이다. 양구는 전 지역이 38도선 이북이고, 내륙에서 금강산으로 가는 가장 짧은 길이 있다. 군사상 중요한 역할을 하는 곳이라는 이야기다. 이런 까닭으로 한국전쟁 당시 양구에서는 치열한 전투가 여러 번 있었다. 피의능선전투, 단장의능선전투, 백석산지구전투, 도솔산지구전투, 가칠봉지구전투 등 이름만 들어도 알 수 있는 격전지들이다. 이들 전투에서 산화한 호국영령을 기리는 양구전투위령비가 두타연 입구 산기슭에 있다.

두타연 아래 냇물에 걸린 출렁다리

금강산 가는 길.
어디까지 가세요? 어디에서 오시나요?

금강산 가는 길

두타연이라는 이름은 오래전 이곳에 있었던 사찰 이름에서 유래했다. 이곳에는 천여 년 전 고려시대에 창건한 두타사라는 절이 있었다. 이후 조선 중기에 폐사되었지만 이름은 남아 오늘까지 이어진다.

금강산에서 발원한 맑은 물줄기는 굽이굽이 양구 땅으로 들어온다. 계곡을 헤치며 흘러온 물줄기는 폭포가 되어 떨어지면서 깊은 소를 만든다. 폭포 주변에는 기암과 괴석이 둘러섰다. 사람들은 이곳에 두타연이라는 이름을 붙였다. 두타연은 차갑고 깨끗한 물에만 산다는 열목어 서식지이기도 하다. 4, 5월 열목어 산란기에는 두타연 물살을 거슬러 오르는 귀한 모습도 볼 수 있다.

숲으로 이어지는 길을 걷다가 쉬어 가기 좋은 벤치를 만난다. 그냥 지나치기에는 숲으로 들어오는 햇살이 정말 좋다. 때맞춰 불어주는 바람에 곱게 물든 나뭇잎이 팽그르르 돌며 떨어진다. 아무리 바빠도 잠깐 맛보는 행복을 놓칠 수는 없다. 나그네는 신발마저 벗어 놓고 풍경과 하나가 된다.

하야교 삼거리. 사람길은 갈리고, 물길은 합쳐지는 곳이다. 금강산 소식을 전하는 냇물 따라 봄이면 꽃잎이 흐르고 가을이면 단풍잎이 떠 온다. 이정표에 '금강산 가는길'이라는 날개가 붙어 있다. 이 길로 30km 남짓 가면 금강산 장안사라고 했다. 언제쯤이면 금강산으로 가는 길을 걸을 수 있을까.

이 길을 걸어서
금강산으로 갈 수 있다면.

다시 민통선을 나서며

아쉬운 마음 뒤로 하고 걸음을 재촉한다. 길은 비슷한 풍경으로 이어지고 숲은 여전히 좋다. 이곳은 여러 전투를 치르면서 황무지가 되었던 곳이다. 70여 년 동안 사람 발길이 멈추면서 생태계는 살아났다.

비득안내소를 지나 민간인 통제선 바깥으로 나온다. 아직 갈 길은 4km 정도 남았다. 걸음을 마치는 월운저수지 둑 앞에 노선 시·종점을 알리는 종합안내판이 있다. 안내판 뒤쪽 언덕에 피의능선전투전적비가 있다. 언덕을 올라 머리를 숙인다. 국군, 미군, 유엔군, 수많은 사람의 위대한 희생으로 오늘 우리가 있다. 양구전투위령비에 새겨진 시 한 구절이 머리를 맴돈다.

그리하여 새로운 날 이 땅에 다시 오시어
새 아침의 기를 땅끝까지 누리소서
고운 님이시여 길 가소서

지뢰주의 표지판. 이곳이 민통선 안쪽이라는 사실을 새삼 깨닫는다.

코스	양구 두타연갤러리 → 두타연 금강산가는길 안내소 → 두타연 → 금강산가는길 입구 → 비득검문소 → 피의능선전투전적비
거리	19.2km
시간	7시간
난이도	보통
교통	**시점** : 양구시외버스터미널에서 농어촌버스 방산 이용, 고방산 하차 **종점** : 양구시외버스터미널에서 동면 또는 해안면 마을버스 이용, 임당2리(월운삼거리) 하차 도보 600m
참고	DMZ 평화의길 26코스를 걸을 수 없을 때는 26-1코스로 우회해야 한다.
주의	해당 코스는 민통선 구간으로 양구군청 홈페이지에서 사전 신청 후 방문 가능하다. 시·종점을 제외한 전 구간에 음식점, 편의점이 한 곳도 없다. 간식이나 마실 물은 미리 준비해야 한다.
먹거리	시점 주변에 작은 매점이 한 곳 있다. 종점에서 1km 정도 떨어진 곰취시내버스정류장 부근에 음식점과 편의점이 다수 있다.
편의시설	화장실은 두타연갤러리, 금강산가는길 안내소, 두타연 관광안내소, 평화누리길 준공기념비 공원, 하야교 삼거리, 쉼터1, 쉼터2, 비득안내소, 피의능선전투전적비 앞에 있다.

푸른 숲을 걸어
백두대간으로 오르면

한반도는 대륙을 향하여 포효하고 있는 호랑이다.
영화 〈파묘〉에서 이야기하는 '범의 허리'가 바로 향로봉 근처다.
영화 속 무덤 묘비에 적힌 13자리 숫자는 향로봉 북쪽 약 1km 지점의 좌표다.
백두대간이 지나는 곳이다.

_ 김영록

백두대간, 많은 산꾼이 꿈을 꾸는 산줄기다. 백두산부터 지리산까지 1,400km, 그중 절반만 걸을 수 있다. 지리산부터 진부령까지, 더는 걷지 못한다. 사람들은 나머지를 이어 백두산 천지에 서는 꿈을 꾼다. DMZ 평화의길 30코스는 백두대간 남쪽 구간 최북단 품으로 들어가는 길이다.

접경지역 숲으로 들어가는 길

걸음을 시작하는 곳은 (사)설악금강서화마을 방문자센터다. 서화리는 한자로 상서로울 '서(瑞)'와 어울릴 '화(和)'를 쓴다. 예전, 이 마을은 금강산으로 가는 길목이었다. 아침에 도시락을 싸서 집을 나서면, 저녁 무렵 금강산에 도착했다고 한다. 또 남한에서는 내금강과 외금강 어느 쪽으로도 갈 수 있는 유일한 마을이었다.

마을 이름처럼 설악과 금강을 자유롭게 오갈 수 있는 날이 오기를 바라며 걸음을 뗀다. 설악금강서화마을에서 안내를 맡아주고, 차량이 뒤따르며 안전을 지켜준다. 서화천 물길을 거슬러 4km 정도 걸으면 서화산림감시초소다. 이곳에서 인원 점검을 마치면, 숲으로 들어갈 준비가 끝난다.

이 지역은 민통선과 접하고 있는 접경지역이다. 민통선은 민간인 출입을 제한하는 경계선인데, 남방한계선에서 5~10km 지점을 연결한 선이다. 보통 휴전선이라고 부르는 군사분계선을 기준으로, 남북 각각 2km 거리에 남방한계선과 북방한계선이 있다. 남·북방한계선 사이 동서로 길게 이어지는 폭 4km짜리 공간이 비무장지대(Demilitarized Zone, DMZ)다.

한발 두발 '범의 허리'를 향하여

길은 조금씩 고도를 올리지만 별 어려움 없이 이어진다. 먼길을 가려면 친구와 같이 가라고 했던가. 길동무와 도란도란 걷는 걸음이라서 편안하고 즐겁다. 길섶에 수줍은 듯 고개를 내밀고 있는 야생화가 걸음을 잡는다.

DMZ 트레일 인제천리길 이정표.
길에서 만나는 이정표는 언제나 반갑다.

그늘 좋은 숲길을 걷다 보니 바로 여기가 산림욕장이라는 생각이 든다. 산림욕은 '숲에 들어가서 숲 공기와 향기를 쐬는 것'이다. 숲 공기와 향기가 바로 피톤치드(Phytoncide)다. 피톤치드는 식물이 해충, 곰팡이, 병원균 등에 대항하기 위해 발산하는 화학물질이다. 강력한 살균작용으로 숲을 맑게 하는 천연정화제다. 숲속 공기를 마시면 피톤치드가 사람 몸속으로 들어온다. 나쁜 균은 없애고 신진대사를 도와주며 머리를 맑게 한다. 식물들이 활발하게 피톤치드를 내뿜는 시간은 오전 10시부터 12시까지다. 계절로는 초여름부터 늦가을까지라고 한다.

걷는 길 경사가 조금 급해진다. 이제부터는 비탈길 구간이다. 대략 5km 정도 오르막이다. 그래도 차량이 다닐 수 있는 길이라서, 등산로 같은 급경사 구간은 아니다. 한걸음 또 한걸음 타박타박 걷는다. 범의 허리로 오르는 길인데 너무 쉬워도 재미없다. 걷다 보면 마지막은 있게 마련이다. 급했던 길이 완만

해지면서 저 앞으로 간이건물이 보인다. DMZ 평화의길 30코스에서 가장 높은 곳, 적계 삼거리다. 삼거리 옆 나무그늘 쉼터로 올라앉는다.

우리 땅 중심, 백두대간 길

적계 삼거리. 서화마을에서 올라온 길, 진부령으로 내려갈 길, 남은 한 길은 향로봉으로 가는 길이다. 향로봉으로 가는 길과 진부령으로 내려갈 길이 백두대간

적계로 숲길 초입. 본격적으로 숲길이 시작되고 일부 구간에서는 맨발 걷기를 할 수 있다.

노선이다. 향로봉은 해발 1,300m 정도 되는 높은 봉우리로 동부전선 최고 전망대로 꼽힌다. 금강초롱, 솜다리, 구절초 등이 지천으로 핀다지만, 민통선 안에 있어 출입을 통제한다.

우리 한반도는 대륙을 향하여 포효하고 있는 호랑이다. 향로봉쯤이 호랑이 허리에 해당한다. 2024년 개봉한 영화 〈파묘〉에서 이야기하는 '범의 허리'가 바로 향로봉 근처다. 영화에서 주무대로 등장하는 무덤이 있다. 이 무덤 묘비에 적힌 13자리 숫자는 향로봉 북쪽 약 1km 지점의 경·위도 좌표다. 백두대간이 지나는 곳이다.

백두대간은 우리 땅 중심 산줄기다. 겨레의 영산 백두산에서 시작하여 어머니 품 같은 지리산까지 굽이친다. 지리산 천왕봉으로 올라서 이어지는 능선 마루금을 따라 걸으면, 진부령과 향로봉을 거쳐 백두산까지 갈 수 있다는 이야기가 된다. 지금은 아쉽게도 걸을 수 있는 구간이 지리산부터 진부령까지다. 언제쯤이면 백두산 천지에서 걸음을 끝낼 수 있을까. 꿈을 꾼다. 꿈은 이루어진다고 믿으며….

진부령 가는 길에 있는 전망쉼터. 멀리 동해가 살짝 모습을 드러낸다.

코스	(사)설악금강서화마을 방문자센터 → 서화산림감시초소 → 세월교 쉼터 → 적계 삼거리 → 진부령미술관
거리	21.7km
시간	8시간 30분
난이도	어려움
교통	**시점** : 원통버스터미널에서 농어촌 원통~서화 버스 이용, 서화버스터미널 하차 **종점** : 고성간성버스터미널에서 10번(흘리 방면) 버스 이용, 진부령정상 하차
주의	시·종점을 제외한 구간에는 음식점·매점이 없다. 산을 넘어가는 노선이어서 마실 물은 넉넉하게 준비한다.
편의시설	설악금강서화마을 방문자센터, 진부령미술관 주변에 먹을 곳이 있다. ※ 화장실은 설악금강서화마을 방문자센터, 서화산림감시초소 이후 2.5km 지점, 적계 삼거리, 진부령미술관 이용

해파랑길
남파랑길
서해랑길
DMZ 평화의길
보석 같은 코리아둘레길
4,500km를 걷다

대한민국을 걷다

코리아둘레길 45선 완벽 가이드

초판 1쇄 | 2024년 11월 11일

지은이 | 권다현·김영록·박희진·신정섭·윤정준·조송희·홍성운

발행인 겸 편집인	홍성운
책임편집	최해선, 유현임
교정·교열	허윤
디자인	박미영
마케팅	박성민, 신은선
펴낸 곳	(사)한국의길과문화
주소	서울특별시 용산구 한강대로52길 25-8 DB타워, 402호(한강로 1가)
구입·내용 문의	전화 02-790-6620, 02-794-6017 팩스 02-6937-0259 이메일 andy@tnc.or.kr
출판 등록	2015년 7월 1일(제2015-000050호)

※ 가격은 뒤표지에 있습니다.

ISBN 979-11-989320-0-6(13980)